电 力 企 业 微 课 工 程 精 品 册 系 列 教 材

220kV DIANRONGSHI DIANYA HUGANQI ERCI DIANYA YICHANG QUEXIAN ZHENDUAN

220kV电容式电压互感器二次电压异常缺陷诊断

田园 陈道强 李亚平 ◎主编

四川大学出版社
SICHUAN UNIVERSITY PRESS

图书在版编目（CIP）数据

220kV 电容式电压互感器二次电压异常缺陷诊断 / 田园，陈道强，李亚平主编 . — 成都：四川大学出版社，2022.5

ISBN 978-7-5690-5404-0

Ⅰ . ① 2… Ⅱ . ① 田… ② 陈… ③ 李… Ⅲ . ① 电压互感器—故障诊断 Ⅳ . ① TM451

中国版本图书馆 CIP 数据核字（2022）第 047343 号

书　　名：220kV 电容式电压互感器二次电压异常缺陷诊断
　　　　　220kV Dianrongshi Dianya Huganqi Erci Dianya Yichang Quexian Zhenduan
主　　编：田　园　陈道强　李亚平

选题策划：李波翔　韩仙玉
责任编辑：韩仙玉
责任校对：青于蓝
装帧设计：青于蓝
责任印制：王　炜

出版发行：四川大学出版社有限责任公司
　　　　　地址：成都市一环路南一段 24 号（610065）
　　　　　电话：（028）85408311（发行部）、85400276（总编室）
　　　　　电子邮箱：scupress@vip.163.com
　　　　　网址：https://press.scu.edu.cn
印前制作：成都墨之创文化传播有限公司
印刷装订：四川盛图彩色印刷有限公司

成品尺寸：185 mm×260 mm
印　　张：11.25
字　　数：194 千字

版　　次：2022 年 10 月 第 1 版
印　　次：2022 年 10 月 第 1 次印刷
定　　价：58.00 元

扫码查看数字版

四川大学出版社
微信公众号

BIANWEIHUI 编委会

● **主 编**

田 园 陈道强 李亚平

● **副主编**

彭永洪 任成君 甘伸权 程 实 张 升

● **编委会成员**

毛君怡 叶泓材 喻鹏迪 苗 科 唐成达 张海军 张 浩

冯 胜 刘宇豪 韩 潇 秦大海 江森林 王先洪 钟 易

本精品集以 TYD-220/√3-0.01H 型电容式电压互感器二次电压异常诊断流程为主线，全方位分析、讲解了 220kV 电容式电压互感器二次电压异常诊断的要点和流程、二次回路排查及处理流程、关键电气试验项目操作流程、试验结果及案例分析等知识点。

在国网四川省电力公司"大检修"体系微课工程项目中，球形知识体系是微课件体系化组合呈现的官方指定途径。本精品集以电容式电压互感器为球心主题、以微课件为最小讲解单元，共包含 5 个分解任务，共计 30 个微课件，覆盖了电容式电压互感器本体结构及二次回路原理讲解、二次回路故障查找、专业巡视、高压试验、微水和油耐压试验、试验结果及案例分析等各个环节，每个微课件用现场图片和详解文字相结合的方式，对每个知识点进行了详细说明。

本书的编制目的，旨在希望变电检修专业一线人员特别是初学者，通过对本书的学习，能够快速掌握电容式电压互感器二次电压异常缺陷诊断的基本技能，提升工作效率。

U0251864

目 录 MULU

2.4 TYD-220/√3-0.01H 型电容式电压互感器电气试验 ········· 051

第 3 部分　试验结果分析及案例

第1部分
概述

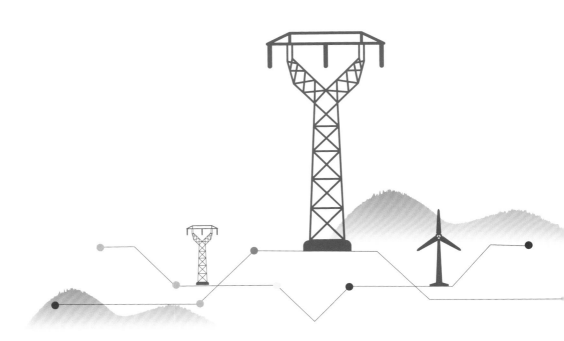

1.1 口号及编写目的

本书制作团队主要由国网南充供电公司变电运检中心变电检修专业骨干技术人员组成，其中高级技师 2 名，高级工程师 2 名，工程师 3 名，助理工程师 7 名，小组成员熟悉电容式电压互感器二次电压异常缺陷诊断流程及要点，检修经验丰富，如图 1.1-1 所示。

图 1.1-1 部分骨干技术人员合影

1.1.1 口号

提升检修技能，铸就匠人匠心。

1.1.2 编制目的

本书以某 220kV 母线用电容式电压互感器二次电压异常诊断为蓝本，将电容式电压互感器二次电压异常诊断任务中的要点、难点，内部结构拆解，关键试验排查等内容进行分解，整理成册，以方便变电检修专业初学者快速掌握电容式电压互感器检修基本技能。

1.2 任务概述

1.2.1 任务流程

本书覆盖电容式电压互感器二次电压诊断全流程，包括内部结构介绍、二次原理剖析、电压互感器二次回路故障查找及处理、试验前专业巡视、各项常规试验及诊断试验项目详解等多项重点工作任务，以及电容式电压互感器二次电压异常缺陷诊断要点、试验结果及案例分析等内容。

1.2.2 环境要求、待试设备要求、人员要求

1. 环境要求

除非另有规定，试验均在以下环境中进行，且试验期间，环境条件应相对稳定。

（1）环境温度不宜低于5℃。

（2）环境相对湿度不宜大于80%。

（3）现场区域满足试验安全距离要求。

2. 待试设备要求

（1）待试设备处于检修状态。

（2）设备外观清洁、干燥、无异常，必要时可对待试品表面进行清洁或干燥处理。

（3）设备上无其他外部作业。

3. 人员要求

试验人员需具备如下基本知识与能力：

（1）了解各种设备、绝缘材料、绝缘结构的性能、用途。

（2）了解各种电力设备的型式、用途、结构及原理。

（3）熟悉变电站电气主接线及系统运行方式。

（4）熟悉各类试验设备、仪器、仪表的原理、结构、用途及使用方法，并能排除一般故障。

（5）能正确完成试验室及现场各种试验项目的接线、操作及测量。

（6）熟悉各种影响试验结论的因素及消除方法。

（7）经过上岗培训，考试合格。

第 2 部分
任务详述

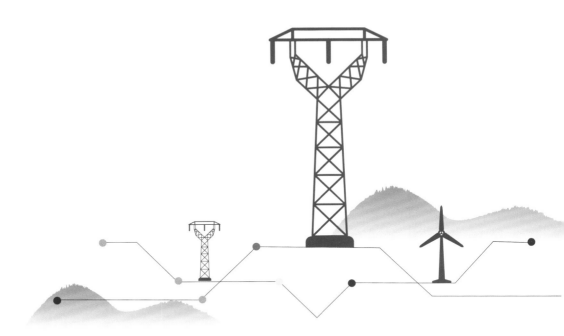

2.1　TYD-220/√3-0.01H 型电容式电压互感器的结构原理及二次回路原理

2.1.1　TYD-220/√3-0.01H 型电容式电压互感器的基本原理

1. 外观

电容式电压互感器是电力系统中的一种电压测量设备，将高电压转换为低电压，为测量、控制和继电保护装置提供低电压，如图 2.1-1 所示。

设备外观图

图 2.1-1

2.CVT 结构图

根据功能的不同，电容式电压互感器可以分为电容分压器和电磁单元两个部分，电容分压器主要包括高压电容器、中压电容器以及绝缘外套等部件，电磁单元主要包括放置在油箱内部的中间变压器、补偿电抗器、阻尼装置等部件，以及油箱外部的油位观察窗、放油阀、注油阀、吊装孔、接地板等部件，如图 2.1-2 所示。

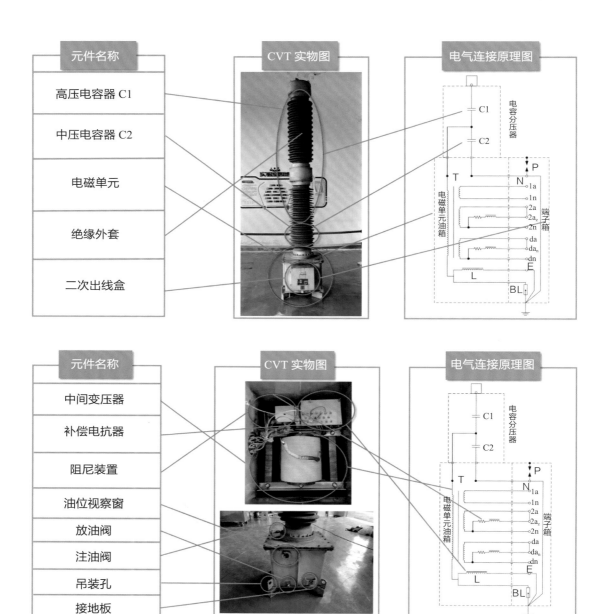

图 2.1-2

3.CVT 电气原理图

由 CVT 的电气原理图及其对应的参数可知，CVT 通过 C1 和 C2 分压后，将中间电压通过中间变压器转换为二次电压，再由各二次引出端将二次电压输出，如图 2.1-3 所示。

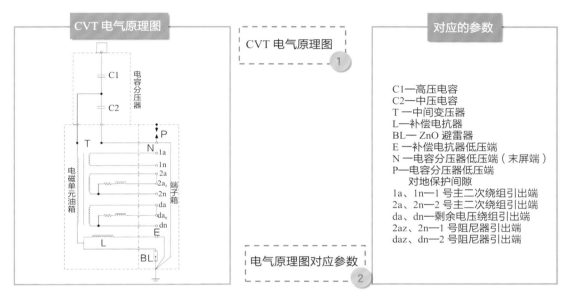

CVT 电气原理图 ①

对应的参数

C1—高压电容
C2—中压电容
T —中间变压器
L—补偿电抗器
BL— ZnO 避雷器
E —补偿电抗器低压端
N —电容分压器低压端（末屏端）
P—电容分压器低压端
　　对地保护间隙
1a、1n—1 号主二次绕组引出端
2a、2n—2 号主二次绕组引出端
da、dn—剩余电压绕组引出端
2az、2n—1 号阻尼器引出端
daz、dn—2 号阻尼器引出端

电气原理图对应参数 ②

图 2.1-3

4.TYD-220/√3-0.01H 型电容式电压互感器的思维导图

电容式电压互感器的思维图如图 2.1-4 所示。

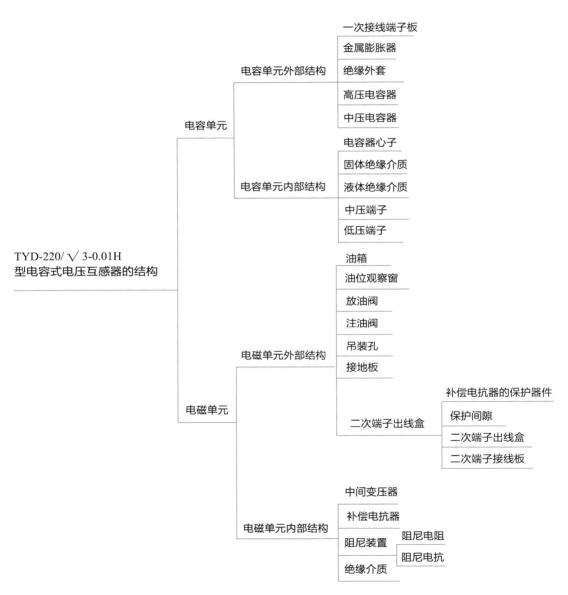

图 2.1-4

5. 小结

1）可迁移知识点

电磁式电压互感器是利用绕组之间的电磁感应原理制成的一种电压互感器。特点是容量很小且比较恒定，正常运行时接近于空载状态。由于其本身的阻抗很小，一旦副边发生短路，电流将急剧增长而烧毁线圈。常用的有树脂浇注绝缘式、油浸式及 SF_6 气体绝缘式电压互感器。

2）区别知识点

电流互感器是依据电磁感应原理将一次侧大电流转换成二次侧小电流来测量的仪器。电流互感器是由闭合的铁心和绕组组成。它的一次侧绕组匝数很少，串在需要测量的电流的线路中。

2.1.2 TYD-220/√3-0.01H 型电容式电压互感器的电容分压器

1. 外观

电容式电压互感器的电容单元主要由高压电容器、中压电容器、中压端子、低压端子、电容器心子、金属膨胀器等构成，用于实现分压，将系统高电压分压后得到一个较低的中间电压，提供给电磁单元中间变压器，如图 2.1-5 所示。

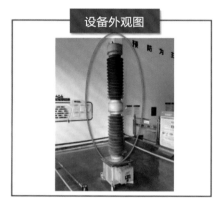

设备外观图

图 2.1-5

2. 电容分压器

电容分压器主要由高压电容器、中压电容器构成，其内部为电容器心子，如图 2.1-6 所示。

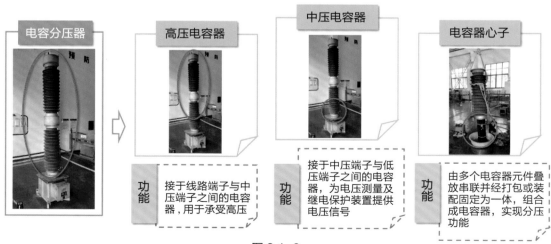

| 电容分压器 | 高压电容器 | 中压电容器 | 电容器心子 |

| 功能 | 接于线路端子与中压端子之间的电容器，用于承受高压 | 功能 | 接于中压端子与低压端子之间的电容器，为电压测量及继电保护装置提供电压信号 | 功能 | 由多个电容器元件叠放串联并经打包或装配固定为一体，组合成电容器，实现分压功能 |

图 2.1-6

3. 电容器心子

电容器心子由电容器元件组成，多个电容器元件组装成电容器单元，电容器单元再通过串联组装成电容器叠柱，如图 2.1-7 所示。

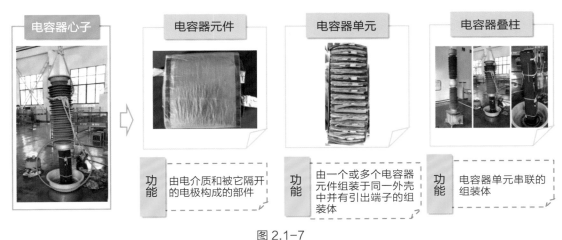

图 2.1-7

4. 电容器元件

电容器元件主要由聚丙烯膜、电容器纸和导电锡纸三种材料组成，一叠电容器元件总共分为 10 层。其中，导电锡纸组成电容器元件的极板，1 极 1 层，共计 2 层；聚丙烯膜、电容器纸组成电容器元件的绝缘介质，为两膜两纸的交叉结构，1 极 4 层，共计 8 层，如图 2.1-8 所示。

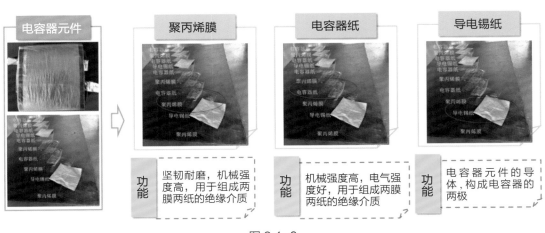

图 2.1-8

5. 电容分压器的绝缘部件

电容分压器的绝缘部件主要包括绝缘外套，电容器单元的固体绝缘介质和液体绝缘介质。其中，绝缘外套由瓷套和 PRTV 喷涂材料构成；电容器单元的固体绝缘介质主要为方形或圆环形的绝缘纸板；电容器单元的液体绝缘介质主要为电容器油，如图 2.1-9 所示。

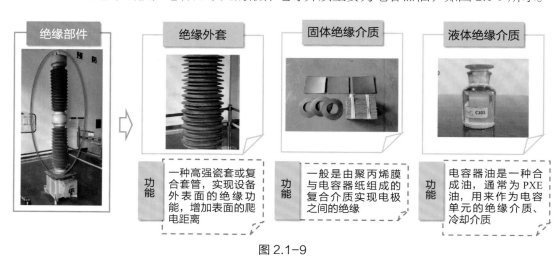

图 2.1-9

6. 电容分压器的接线端子

电容分压器的接线端子分为一次接线端子板（高压端子）、中压端子和低压端子。一次接线端子板安装在 CVT 的顶端，连接外部高压线路，并在 CVT 内部与电容器上盖连接。中压端子从中压电容 C2 元件顶部引出，同时也是中间变压器的原端。低压端子从中压电容 C2 元件底部引出，如图 2.1-10 所示。

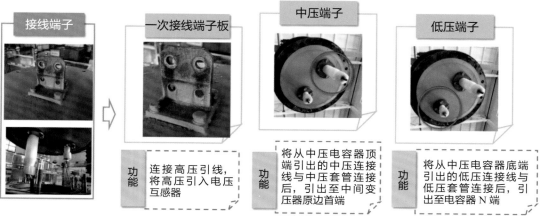

图 2.1-10

7. 电容分压器的其他部件

电容分压器的其他部件主要有金属膨胀器、法兰、注油孔等，金属膨胀器用于实现当CVT 内绝缘油体积因温度变化而发生变化时，其主体容积发生相应变化，起到体积补偿作用；法兰用于每一个分段部位的连接；注油孔用于电容器油的注入，如图 2.1-11 所示。

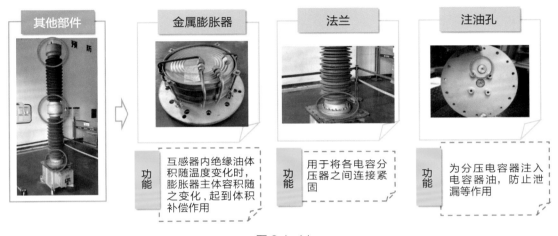

图 2.1-11

8.TYD-220/√3-0.01H 型电容式电压互感器的电容单元思维导图

电容式电压互感器的电容单元思维导图如图 2.1-12 所示。

TYD-220/√3-0.01H
型电容式电压互感器的电容单元

- 电容单元外部结构
  - 一次接线端子板
  - 金属膨胀器
  - 绝缘外套
  - 高压电容器
  - 中压电容器
- 电容单元内部结构
  - 电容器心子
  - 固体绝缘介质
  - 液体绝缘介质
  - 中压端子
  - 低压端子

图 2.1-12

2.1.3　TYD-220/√3-0.01H 型电容式电压互感器的电磁单元

1. 外观

电容式电压互感器的电磁单元主要由中压变压器、补偿电抗器、阻尼装置、补偿电抗器的保护器件、保护间隙、绝缘介质、二次端子出线盒、二次端子接线板等构成，如图 2.1-13 所示。电磁单元用于实现将电容分压器分压后的中间电压变换为测量和继电保护装置所需的标准二次电压，以及实现相关保护功能。

设备外观图

图 2.1-13

2. 电磁单元的外部结构

电磁单元的外部结构包括油箱、油位观察窗、吊装孔、放油阀、注油阀、接地板等部件，实现电磁单元的基本功能，为内部元件提供绝缘、保护等作用，如图 2.1-14 所示。

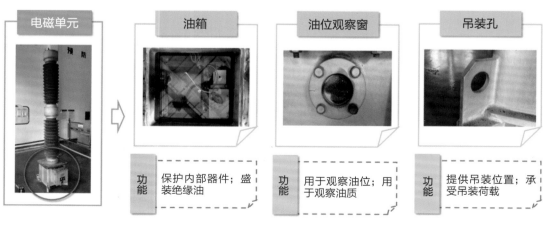

| 电磁单元 | 油箱 | 油位观察窗 | 吊装孔 |

| 功能 | 保护内部器件；盛装绝缘油 | 功能 | 用于观察油位；用于观察油质 | 功能 | 提供吊装位置；承受吊装荷载 |

电磁单元的外部结构（1）

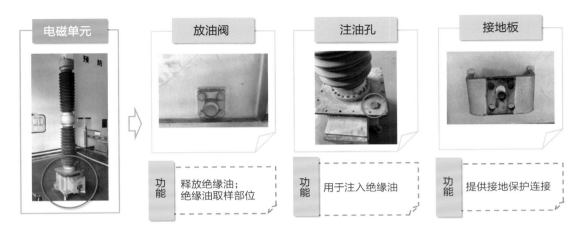

电磁单元的外部结构（2）

图 2.1-14

3. 二次端子出线盒的结构

二次端子出线盒的内部结构包含二次接线端子板、补偿电抗器和接地保护间隙等元件，方便二次绕组接线的引出，以及实现对电磁单元内部元件的保护，如图 2.1-15 所示。

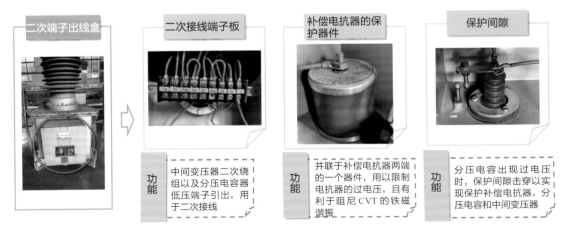

图 2.1-15

4. 电磁单元的内部结构

电磁单元的内部结构包括中间变压器、补偿电抗器和阻尼装置。其中，阻尼装置主要是由阻尼电抗和阻尼电阻构成。所有的元件均浸泡在绝缘油中，发挥各自的功能和作用，如图 2.1-16 所示。

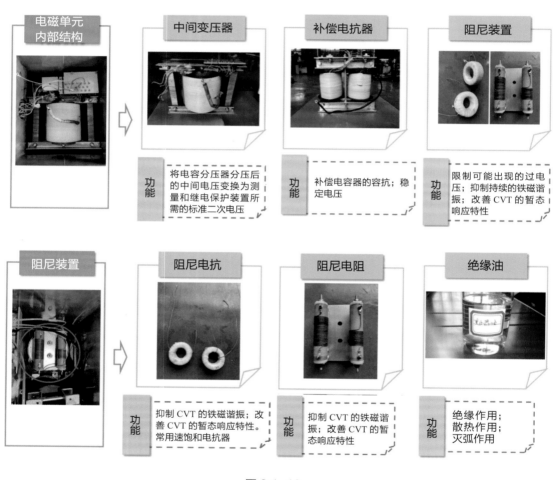

图 2.1-16

5.TYD-220/√3-0.01H 型电容式电压互感器的电磁单元思维导图

电容式电压互感器的电磁单元思维导图如图 2.1-17 所示。

图 2.1-17

2.1.4 TYD-220/√3-0.01H 型电容式电压互感器二次回路原理

1. 外观

电压互感器的基本结构和变压器很相似，它也有两个绕组，一个叫一次绕组，一个叫二次绕组。两个绕组都装在或绕在铁芯上。两个绕组之间以及绕组与铁芯之间都有绝缘，使两个绕组之间以及绕组与铁芯之间都有电气隔离。电压互感器在运行时，一次绕组并联接在线路上，二次绕组通过一系列二次电压回路接至仪表、微机保护等装置，如图 2.1-18 所示。

图 2.1-18

2. 电压二次回路基本走向

电压互感器二次电压回路基本走向：由电压互感器二次接线盒转接至母线 PT 刀闸端子箱，再转接至母线 PT 并列屏，再以辐射形式接至各个间隔保护测控屏，对于双母线接线方式，还需经二次电压切换装置再进入计量、保护、测控等装置，如图 2.1-19 所示。

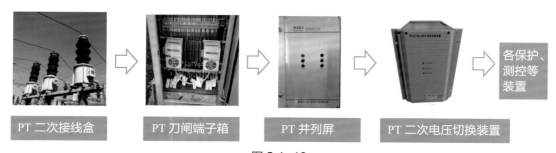

图 2.1-19

3. 二次电压并列回路结构

二次电压并列装置主要针对桥形、单母分段或双母等一次接线方式，两段母线 PT 二次电压可通过并列回路实现某段母线 PT 检修时，可以从另一段母线 PT 二次绕组获得电压。二次电压并列装置主要包括二次并列把手、并列中间继电器、母联开关及刀闸辅助接点等组成，如图 2.1-20 所示。

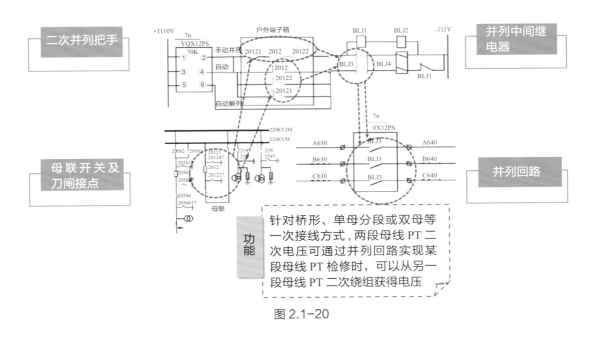

图 2.1-20

4. 二次电压并列回路工作原理

当某段母线 PT 检修时，为确保另一段母线所挂间隔保护等装置不失去二次电压，需先并列一次即合上母联开关及刀闸，再将并列把手调至并列状态，进而并列中间继电器 BLJ3 线圈励磁，常开接点闭合实现 I 母电压、II 母电压并列。当母联开关分位或者并列把手处于非并列状态，并列中间继电器 BLJ3 线圈失磁，常开接点打开实现 I 母电压、II 母电压解列，如图 2.1-21 所示。

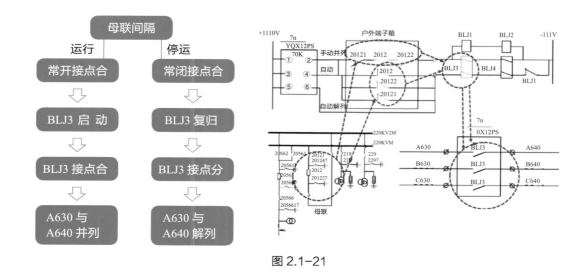

图 2.1-21

5. 二次电压切换回路结构组成

为实现双母线接线方式下，间隔运行方式倒换时母线电压的正常采集，利用隔离开关辅助触点启动中间继电器进而实现二次电压回路的切换，如图 2.1-22 所示。

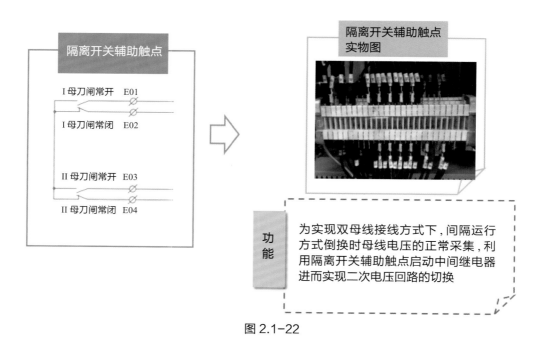

图 2.1-22

对于二次电压切换回路根据切换继电器启动回路可分为单位置启动方式和双位置启动方式。单位置启动方式的电压切换回路简单，但由于电压切换继电器的非自保持性，直流电源消失后，继电器自动返回，二次设备失去交流电压。因此，单位置启动方式主要用于双重化保护配置场合。双位置启动方式相对单位置启动方式可靠性较高，但倒母操作时，拉开母线刀闸过程中，常开接点断开，但常闭接点未闭合，会出现短时二次电压回路并列，因此单套保护配置场合才采用该启动方式，如图 2.1-23 所示。

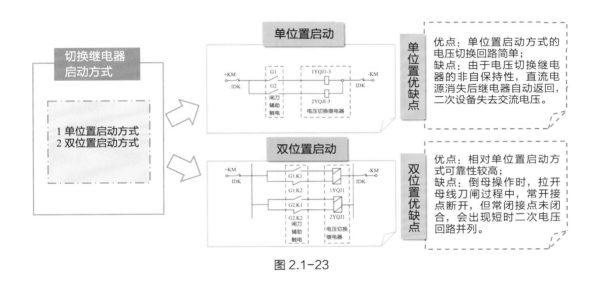

图 2.1-23

6. 二次电压切换回路工作原理

线路运行于 I 母时，I 母刀闸常开接点闭合，常闭接点断开，1YQJ1-1YQJ5 磁保持继电器动作且自保持。其相应的常开接点 1YQJ1-1YQJ5 闭合，经 E05、E08、E11 接入的 I 母保护电压即可流出 E07、E10、E13（切换后电压），如图 2.1-24 所示。

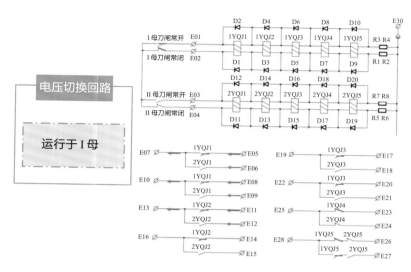

图 2.1-24

线路运行于 II 母时，I 母刀闸常开接点断开，常闭接点闭合，1YQJ1-1YQJ5 磁保持继电器复归。II 母刀闸常开接点闭合，常闭接点断开，2YQJ1-2YQJ5 磁保持继电器动作。其相应的常开接点 2YQJ1-2YQJ5 闭合，经 E06、 E09、 E12 接入的 II 母保护电压即可流出 E07、 E10、 E13（切换后电压），如图 2.1-25 所示。

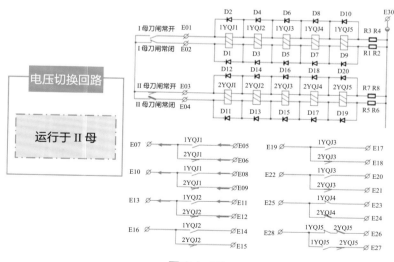

图 2.1-25

7. 二次电压切换回路异常信号

为监视二次电压切换回路正常工作，通常设置切换继电器同时动作，PT 失压两个硬接点由测控装置上传监控，提醒运维人员及时到站检查。当进行倒母时，I、II 母刀闸同时合上，切换中间继电器均动作，因此 E27、E28 接点闭合发出切换继电器同时动作信号。当线路停电操作时，I、II 母刀闸均处于分开位置，切换中间继电器均复归，因此 E26、E28 接点闭合发出 PT 失压信号，如图 2.1-26 所示。

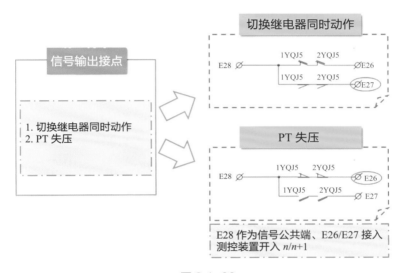

图 2.1-26

8. 二次电压回路常见故障

二次电压回路常见故障：二次异常并列。当倒母操作时（I->II），I 母刀闸的常闭接点及回路问题未使 1YQJ1-1YQJ5 自保持继电器返回。一次设备已脱离 I 母，但该母线二次电压仍切至保护装置，并与 II 母二次电压处于并列状态。如未及时发现，当母线分列操作时将出现二次异常并列，烧毁切换回路接点，如图 2.1-27 所示。

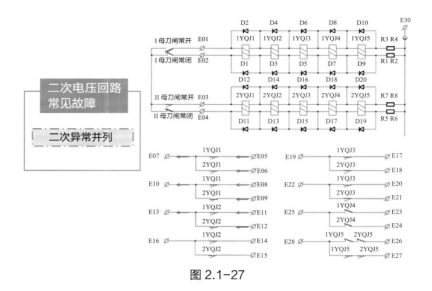

图 2.1-27

　　二次电压回路常见故障：某相缺失电压。利用万用表测量进切换插件前（E06/E07/E08）电压均正常，但保护装置报 TV 断线，查看其交流采样，B 相电压为 0。此情况为切换插件 B 相切换继电器接点损坏，需更换至备用切换回路或更换电压切换插件，如图 2.1-28 所示。

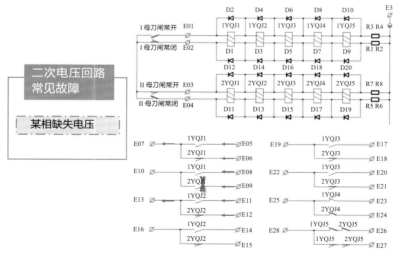

图 2.1-28

9. 小结

1）二次电压并列装置原理

利用 PT 刀闸辅助常开接点、母联开关及刀闸辅助接点、二次并列把手用来对 I、II 母电压进行并列，从而实现某段母线一次 PT 检修时该段母线保测装置不失压。

2）二次电压切换装置原理

利用间隔母线侧刀闸辅助接点启动切换继电器，切换继电器的常开接点用来对 I、II 母电压进行切换，从而实现二次电压随着一次设备运行状态改变而改变。

3）常见故障

刀闸辅助接点损坏可能导致二次电压异常并列，如未及时发现，当一次分列操作时，烧毁切换继电器；切换继电器损坏将会引起某相电压缺失，造成保护装置 TV 断线，影响保护装置正常工作。

2.2 TYD-220/√3-0.01H 型电容式电压互感器二次电压异常缺陷诊断要点

1.TYD-220/√3-0.01H 型电容式电压互感器二次电压异常缺陷诊断要点

1）任务描述

针对 TYD-220/√3-0.01H 型电容式电压互感器二次电压异常的不同现象，分析引起现象的主要原因，提出故障查找的思路和诊断方法。

2）引用标准

（1）GB 20840.1-2010《互感器第 1 部分：通用技术要求》。

（2）GB 20840.5-2013《互感器第 5 部分：电容式电压互感器的补充技术要求》。

（3）GB 50150-2016《电气装置安装工程电气设备交接试验标准》。

（4）Q/GDW 1168-2013《输变电设备状态检修试验规程》。

（5）DLT 664-2016《带电设备红外诊断应用规范》。

2.TYD-220/√3-0.01H 型电容式电压互感器二次电压异常现象及主要原因

引起电容式电压互感器二次电压异常的现象主要包括二次电压波动、二次电压偏低、二次电压偏高、二次电压为零四种情况，造成上述异常现象的主要原因有二次回路、电磁单元、电容分压器以及中间连接线断线或接地等故障，如图 2.2-1 所示。

①　**二次电压波动**

（1）二次回路故障；
（2）电容分压器的低压端子未接地或未接载波线圈；
（3）如果阻尼器是速饱和电抗器，可能是电抗器故障引起参数改变。

②　**二次电压偏低**

（1）二次回路故障；
（2）电磁单元故障；
（3）电容分压器的中压电容器 C2 损坏。

③　**二次电压偏高**

（1）电容分压器的高压电容器 C1 损坏；
（2）电磁单元故障。

④　**二次电压为零**

（1）二次回路故障；
（2）中压连接线（中间变压器与电容分压器之间的连接线）断线或接地；
（3）中间变压器一次绕组击穿。

图 2.2-1

3. TYD-220/ √ 3-0.01H 型电容式电压互感器二次电压异常缺陷诊断要点

电容式电压互感器二次电压异常缺陷诊断要点如图 2.2-2 所示。

1 二次回路故障引起二次电压异常

2 电容分压器电容量变化引起二次电压异常

3 电磁单元故障引起二次电压异常

图 2.2-2

1）二次回路故障引起二次电压异常

二次回路故障引起二次电压异常主要是二次电压偏低和二次电压消失。

二次回路故障引起二次电压偏低主要有：

（1）电压二次回路端子连接松动。

（2）电压二次回路中性线连接不可靠。

二次回路故障引起二次电压消失主要有：

（1）电压切换回路刀闸位置消失。

（2）电压切换装置切换辅助接点损坏。

（3）电压次回路断线。

（4）PT 保险熔断。

（5）二次电压空开跳闸。

二次回路故障引起二次电压异常的诊断方法有：

（1）使用万用表测量端子箱进线端子排的二次电压。若电压正常，则故障应为端子箱后的二次回路引起。

（2）对于某相二次电压降低、其他相电压正常的情况，大概率为电压二次回路电阻过大引起。

（3）对于二次电压消失的情况，利用万用表从源头逐一测量该相对地电位，直到找到电压正常环节即可锁定故障。

2）电容分压器电容量变化引起二次电压异常

电容分压器电容量变化引起二次电压异常有以下三方面。

（1）电容分压器的高压电容器 C1 部分击穿，C1 发生电容元件击穿，则 C1 电容量增大，分压比变小，二次输出电压增。

（2）电容分压器的高压电容器 C1 部分击穿 C2 部分击穿，C2 发生电容元件击穿，则 C2 电容量增大，分压比增大，二次输出电压降低。

（3）C1、C2 同时存在电容元件部分击穿，则 C1、C2 电容量均增大，二次输出电压是升高还是降低，由 C1、C2 击穿对分压比的影响决定。

电容分压器电容量变化引起二次电压异常的诊断方法有：

（1）电容分压器电容量变化可以通过电容量及介质损耗因数试验的方法发现，常见的电容量及介质损耗因数测试方法主要包括：正接法、反接法和自激法。现场条件具备时可进行 CVT 变化、误差试验，通过分析比值差、相位差判断。

（2）电容分压器电容量变化通常是由于电容分压器电容元件击穿造成，同时电容分压器受潮、制造工艺不良（压紧程度）、老化、漏油等原因也会引起电容量发生变化。

3）电磁单元故障引起二次电压异常

电磁单元故障引起二次电压异常有以下几个方面。

（1）中压连接线（中间变压器与电容分压器之间的连接线）断线，中压连接线出现断线故障，则二次输出电压为0。其诊断方法有：

① 设备质量不佳、内部连接不可靠可能造成中压连接线断线。

② 进行CVT变化试验时，无法测出试验数据。

③ 正接法、反接法能正常进行电容分压器的电容量及介质损耗因数试验；但自激法试验时高压侧无输出。

（2）中压连接线（中间变压器与电容分压器之间的连接线）接地，中压连接线出现接地故障，则二次输出电压为0。其诊断方法有：

① 通过绝缘电阻、电容量及介质损耗因数、电压比试验可以发现该类故障。

② 测试中间变压器一次对次及地的绝缘电阻，绝缘电阻值为0。

③ 进行中间变压器的电容量及介质损耗因数试验时，高压侧无法加压。

④ 进行CVT变化试验时，无法测出试验数据。

（3）中间变压器一次绕组匝间短路，则二次输出电压将升高，油中溶解气气体异常，电磁单元整体温升偏高。其诊断方法有：

① 该故障可通过红外测温、绝缘电阻、变化、油中溶解气体色谱分析试验发现。

② 前期可对电磁单元进行红外测温，及时发现缺陷。

③ 进行绝缘电阻测试时数值会降低，测试过程中数据可能不稳定。

④ 进行CVT变化测试，测试值应小于额定值。

⑤ 油中溶解气体色谱分析结果为电弧放电。

（4）中间变压器一次绕组匝间短路，中间变压器一次绕组短路接地的位置不同，将导致二次输出电压升高或为0。其诊断方法有：

① 中间变压器一次对二次及地的绝缘电阻应为0。

② 进行CVT变化测试，测试值应小于额定值或为0。

③ 油中溶解气体色谱分析结果异常。

（5）中间变压器二次绕组内部断线或短路，二次绕组内部断线时，二次电压降为0，二次绕组匝间短路时，二次绕组匝数减少，二次电压降低。其诊断方法有：

① 二次绕组故障可通过直流电阻试验判断。

② 若二次直流电阻无穷大，则判断二次绕组发生断线。

③ 若二次直流电阻明显变小，则判断一次绕组发生匝间短路。

（6）阻尼装置故障，当发生铁磁谐振时，若阻尼器故障，铁磁谐振可能长时间存在，将造成二次输出电压升高且不稳定，可能引起油箱发热，运行时发出"异响声音"。阻尼装置故障可通过直流电阻试验判断。

4. 电容式电压互感器二次电压异常缺陷诊断要点总结

1）二次回路故障排查及处理

（1）二次电压出现异常时，应首先判断是电容式电压互感器二次回路还是电容式电压互感器本体的原因。

（2）如果判断为二次回路故障，则进行相应的故障查找及处理。

（3）如果判断为本体故障，可先进行带电检测方法判断，根据检测结果确定是否需要进行停电试验。

2）进行电容式电压互感器红外测温

红外测温项目主要是油化试验等非停电试验项目。

3）进行停电试验

试验项目主要包括：电容分压器绝缘电阻测试、电容分压器电容量及介质损耗因数测试、电磁单元绝缘电阻测试、中间变压器电容量及介质损耗因数测试、绕组直流电阻测试、变化测试、阻尼装置直流电阻测试。

5. 小结

1）可迁移知识点

（1）电容式电压互感器二次电压异常的不同现象。

（2）引起电容式电压互感器二次电压异常的原因。

（3）电容式电压互感器二次电压异常的诊断思路。

2）区别知识点

本课件主要向阅读者介绍 TYD-220/ $\sqrt{3}$-0.01H 型电容式电压互感器二次电压异常缺陷诊断要点与经验。同时，对其他电压等级的电容式电压互感器二次电压异常缺陷诊断要点也有一定的指导作用，但是和电磁式电压互感器二次电压异常缺陷诊断有一定的区别。

2.3 TYD-220/√3-0.01H 型电容式电压互感器二次回路故障排查及处理

2.3.1 TYD-220/√3-0.01H 型电容式电压互感器二次回路电压偏低故障查找及处理

1. 二次回路电压偏低故障查找及处理

1）任务描述

在二次电压回路存在电缆绝缘下降、刀闸辅助接点及空开接触电阻较大等情况下，您会遇到此项任务。

2）引用标准

国家电网有限公司十八项电网重大反事故措施（2018 年修订版）。

GBT 50976-2014 继电保护及二次回路安装及验收规范。

2. 二次回路电压偏低故障查找及处理要点分解

对本项任务的要点进行分解后，得到二次回路电压消失故障查找及处理时需注意以下要点，如图 2.3-1 所示。

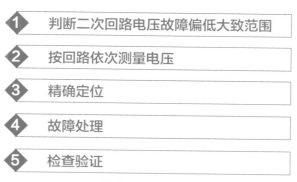

① 判断二次回路电压故障偏低大致范围

② 按回路依次测量电压

③ 精确定位

④ 故障处理

⑤ 检查验证

图 2.3-1

1）判断二次回路电压偏低故障大致范围

第 1 个要点为：判断二次回路电压偏低故障发生的大致范围，根据变电站后台监控报文，可以方便快速定位故障发生的大致范围。

（1）若监控后台报 "XX 母 PT 断线"，即可大致判断 PT 测控屏至 XX 母 PT 端子箱二次回路出现故障。

（2）若只存在单一线路间隔报 PT 断线，即可大致判断故障发生在 PT 测控屏至该间隔段内。

2）按回路依次测量电压

按回路依次测量电压如图 2.3-2 所示。

第 2 个要点为：当后台报 "xx 母 PT 电压低" 时，用万用表检查 PT 测控屏母线电压端子电压（①位置处），二次电压每一相正常运行为 60V 左右；如果电压偏低，则应在 PT 端子箱检查至 PT 测控柜电压端子电压②；如果电压仍偏低则依次检查③④⑤电压，如图 2.3-2 所示。

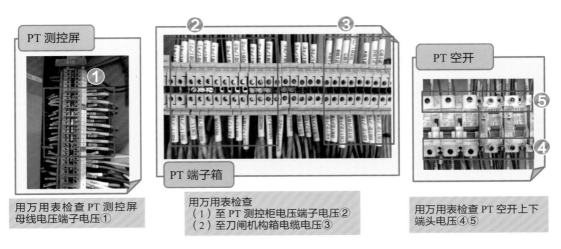

PT 测控屏

PT 端子箱

PT 空开

用万用表检查 PT 测控屏母线电压端子电压①

用万用表检查
（1）至 PT 测控柜电压端子电压②
（2）至刀闸机构箱电缆电压③

用万用表检查 PT 空开上下端头电压④⑤

图 2.3-2

当后台报"单一间隔电压低"时，用万用表依次检查测量切换前后电压⑥⑦、保护装置交流电压空开状态⑧、保护装置输入电压端子⑨的电位，如图 2.3-3 所示。

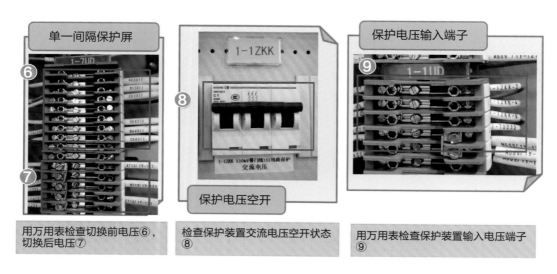

图 2.3-3

以上 9 个位置是常规站电压二次回路中具有典型代表的关键节点，在二次回路电压偏低故障情况下，依据这 9 个位置的电压即可实现故障精准定位。

3）精确定位

第 3 个要点，关键节点中自身或相邻节点之间都有可能出现不同故障，使得电压二次回路电阻增大，最终导致二次回路电压偏低。

因此，回路中可能发生故障的情形较多，本课件仅以具有代表性的刀闸辅助节点接触电阻过大、端子排接线松动及电压切换插件故障来说明，其余故障点的查找与此相似。

故障 1 刀闸辅助节点故障：发现相邻节点（刀闸辅助节点）电压差较大，可判断该相邻节点之间的二次回路故障；故障 2 接线松动：发现相邻节点（含有空开及内部线）电压差较大，可判断该相邻节点之间的二次回路故障，如图 2.3-4 所示。

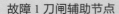

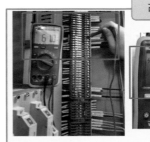

发现相邻节点（刀闸辅助节点）电压差较大，可判断该相邻节点之间的二次回路故障

发现相邻节点（含有空开及内部线）电压差较大，可判断该相邻节点之间的二次回路故障

图 2.3-4

　　故障 3 切换继电器故障：发现相邻节点（电压切换回路）电压偏低，可判断该相邻节点之间的二次回路故障，在接线良好的情况下，电压切换插件至端子排出现故障的概率大，如图 2.3-5 所示。

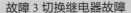

图 2.3-5

4）故障处理

第 4 个要点：母线电压对于线路、母线及主变等保护具有重要意义，为提高电网安全运行水平及减小停电范围，当二次电压回路发生故障时需要及时处理。

发生刀闸辅助接点接触电阻过大时，需要在保证安全的前提下带电更换接点；发生接线松动时，需要紧固端子排接线；发生电压切换继电器故障时，需要更换电压切换插件。若为电缆原因需要更换电缆，如图 2.3-6 所示。

更换接点

在保证安全的前提下带电更换接点

紧固接线

紧固端子排接线

更换插件

更换电压切换插件

图 2.3-6

5）检查验证

检查 PT 测控电压是否正常；检查线路电压是否正常；检查监控后台电压正常，如图 2.3-7 所示。

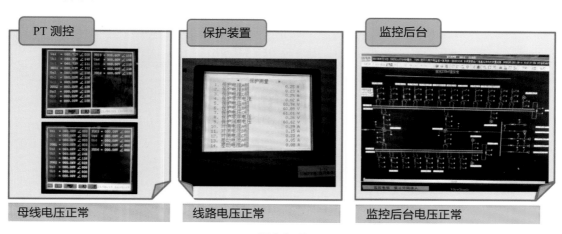

PT 测控

母线电压正常

保护装置

线路电压正常

监控后台

监控后台电压正常

图 2.3-7

3.TDY-220/√3-0.01H 型电容式电压互感器二次回路电压偏低故障查找及处理流程

电容式电压互感器二次回路电压偏低故障查找及处理流程如图 2.3-8 所示。

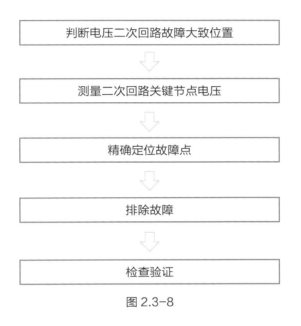

判断电压二次回路故障大致位置

⬇

测量二次回路关键节点电压

⬇

精确定位故障点

⬇

排除故障

⬇

检查验证

图 2.3-8

4. 小结

1）可迁移知识点

将电压二次回路划分为几个关键电气节点，利用相邻节点电压差值较大的故障现象，可以快速定位相应故障位置。此方法同样适用于直流二次回路的故障查找，如控制回路断线，遥信回路故障等。

2）区别知识点

直流二次回路采用直流电压，在直流次回路定位故障更为方便，测量关键电气节点只需读取其电压的正负即可判断故障方向。

2.3.2 TYD-220/√3-0.01H 型电容式电压互感器二次回路电压消失故障查找及处理

1. 二次回路电压消失故障查找及处理

1）任务描述

在二次电压回路存在回路断线、空开跳闸及切换继电器故障等情况下，您会遇到此项任务。

2）引用标准

（1）国家电网有限公司十八项电网重大反事故措施（2018 年修订版）。

（2）GBT 50976-2014 继电保护及二次回路安装及验收规范。

2. 二次回路电压消失故障查找及处理要点

二次回路电压消失故障查找及处理要点如图 2.3-9 所示。

1　判断二次回路电压消失故障大致范围

2　按回路依次测量电压

3　精确定位

4　故障处理

5　检查验证

图 2.3-9

1）判断二次回路电压消失故障大致范围

第 1 个要点为判断二次回路电压故障发生的大致范围，根据变电站后台监控报文，可以便快速定位故障发生的大致范围。

2）按回路依次测量电压

第 2 个要点为：当后台报"XX 母 PT 电压消失"时，用万用表检查 PT 测控屏母线电压端子电压（①位置处），二次电压每一相正常运行为 60V 左右；如果电压消失，则应在 PT 端子箱检查至 PT 测控柜电压端子电压②；电压仍消失依次检查③④⑤电压，如图 2.3-2 所示。

当后台报单一间隔电压消失时，用万用表依次检查测量切换前后电压⑥⑦、保护装置交流电压空开状态⑧、保护装置输入电压端子⑨的电位，如图 2.3-3 所示。

图 2.3-2、图 2.3-3 所示的 9 个位置是常规站电压二次回路中具有典型代表的关键节点，在二次回路电压消失故障情况下，依据这 9 个位置的电压即可实现故障精准定位。

3）精确定位

第 3 个要点为：自身或相邻节点之间都有可能出现故障，使得电压二次回路空开跳闸、电阻增大或断线，最终导致二次回路电压消失。

因此，回路中可能发生故障的情形较多，本书以常见的刀闸辅助节点故障、端子排接线松动、切换继电器故障、空开跳闸来说明，其余故障点的查找与此相似。

（1）检查是否有空开跳闸。

现场检查第一步应先检查是否有电压空开跳闸，如图 2.3-10 所示。

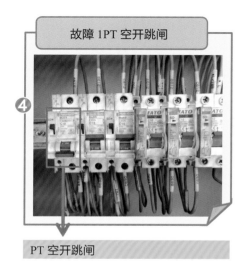

图 2.3-10

故障 1 PT 空开跳闸：当发现 PT 端子箱中某一相或几相 PT 空开跳闸时，可以判断 PT 断线是由于 PT 空开跳闸引起的。

故障 2 保护电压空开跳闸：当发现保护间隔的保护电压空开跳闸时，可以判断 PT 断线是由于 PT 空开跳闸引起的。

（2）相邻节点电压消失。

故障 3 刀闸辅助节点故障：在用万用表测量时，发现相邻节点（刀闸节点）电压消失，可判断该相邻节点之间的刀闸辅助节点故障；故障 4 保护电压接线松动故障：在用万用表测量时，发现相邻节点（保护电压空开）电压消失，而保护电压空开在合位，可判断该相邻节点之间的保护电压接线松动故障，如图 2.3-11 所示。

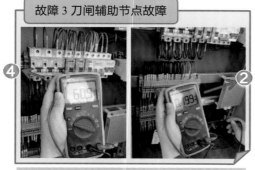

发现相邻节点（刀闸节点）电压消失，可判断该相邻节点之间的刀闸辅助节点故障　　发现相邻节点（保护电压空开）电压消失而保护电压空开在合位，可判断该相邻节点之间的二次电压接线松动

图 2.3-11

（3）相邻节点电压差大。

故障 5 切换继电器故障：发现相邻节点（电压切换回路）电压消失，可判断该相邻节点之间的二次回路故障，在接线良好的情况下，电压切换插件出现故障的概率大，如图 2.3-12 所示。

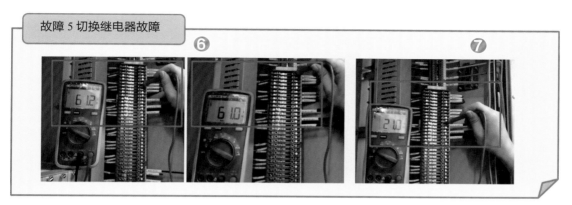

图 2.3-12

4）故障处理

第 4 个要点：母线电压对于线路、母线及主变等保护具有重要意义，为提高电网安全运行水平及减小停电范围，当二次电压回路发生故障需要及时处理，如图 2.3-13、图 2.3-14 所示。

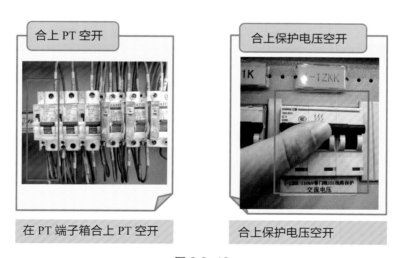

图 2.3-13

更换接点

在保证安全的前提下带电更换
辅助接点

紧固接线

紧固端子排接线

更换插件

更换电压切换插件

图 2.3-14

可见，故障处理主要有：

（1）发生 PT 空开跳闸时，应在 PT 端子箱合上 PT 空开；

（2）发生保护电压空开跳闸时，应合上保护电压空开；

（3）发生刀闸辅助节点故障时，需要在保证安全的前提下带电更换刀闸辅助接点；

（4）保护电压接线松动故障时，需要紧固端子排接线；

（5）保护装置电压切换插件故障时，需要更换电压切换插件。

5）检查验证

故障处理完毕后需要检查各测量及保护电压，检查要点有：检查 PT 测控电压是否正常；检查线路电压是否正常；检查监控后台电压是否正常，流程如图 2.3-8 所示。

3.TDY-220/√3-0.01H 型电容式电压互感器二次回路电压消失故障查找及处理

电容式电压互感器二次回路电压消失故障查找的流程如图 2.3-15 所示。

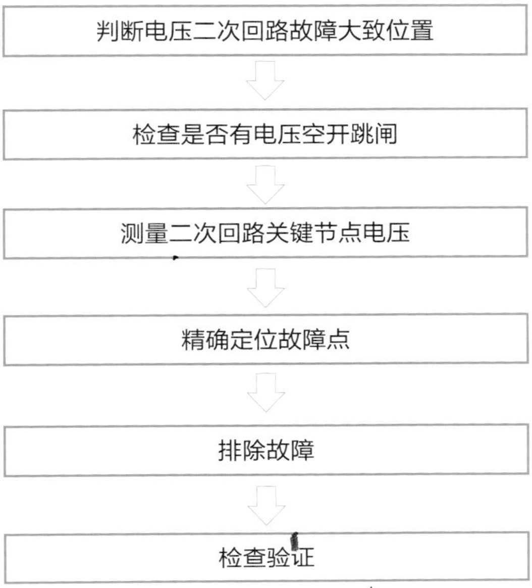

判断电压二次回路故障大致位置

⬇

检查是否有电压空开跳闸

⬇

测量二次回路关键节点电压

⬇

精确定位故障点

⬇

排除故障

⬇

检查验证

图2.3-15

4. 小结

1）可迁移知识点

将电压二次回路划分为几个关键电气节点，利用相邻节点电压差值较大的故障现象，可以快速定位相应故障位置，此方法同样适用于直流二次回路的故障查找，如控制回路断线，遥信回路故障等。

2）区别知识点

直流二次回路采用直流电压，在直流二次回路定位故障更为方便，测量关键电气节点只需读取其电压的正负即可判断故障方向。

2.3.3　TYD-220/√3-0.01H 型电容式电压互感器二次中性点接地不良故障查找及处理

1. 电压二次中性点接地不良故障查找及处理

1）任务描述

在二次电压回路存在中性点接地不良故障查情况下，您会遇到此项任务。

2）引用标准

（1）国家电网有限公司十八项电网重大反事故措施（2018 年修订版）。

（2）GBT 50976-2014 继电保护及二次回路安装及验收规范。

2. 电压二次中性点接地不良故障查找及处理要点分解

电压二次中性点接地不良故障查找及处理要点分解如图 2.3-16 所示。

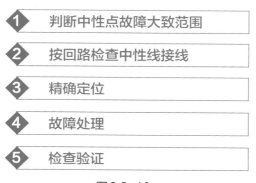

图2.3-16

1）判断中性点故障大致范围

第 1 个要点为：判断中性点故障大致范围，需要根据变电站保护装置采样信息及后台监控报文，就可以方便快速定位故障发生的大致范围。

（1）若单一间隔出现电压漂移现象，即可判断故障发生在 PT 测控屏至该间隔段内。

（2）若全站中性点电压均出现电压漂移，即可判断故障发生在 PT 端子箱至 PT 测控屏段内。

2）按回路检查中性线接线

第 2 个要点为：当后台报某单一间隔电压中性点消失时，应检查线路保护装置至 PT 测控屏电压 N 相端子接线情况；同时检查电压输入 N 相端子接线情况，如图 2.3-17 所示。

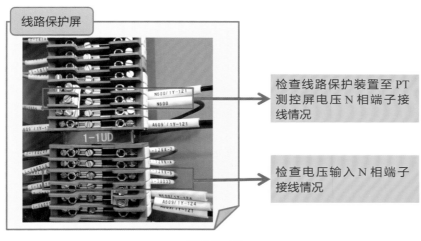

图 2.3-17

当发生全站电压漂移时，PT 端子箱线电压正常，相电压漂移，应检查电压 N 相端子接线情况，同时确认其他绕组电压正常，排除一次中性点接地不良；另外要检查 PT 测控屏至端子箱电压 N 相端子接线情况，如图 2.3-18 所示。

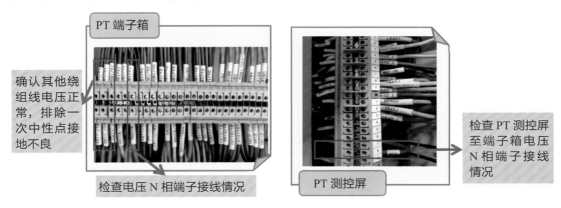

图 2.3-18

3）精确定位

第 3 个要点，与相电压回路不同，中性点电压回路不需要电压切换，也不需要经过电压空气开关，其回路较为简单。在此仅以线路保护屏内 N 相对地不通、PT 端子箱 N 相对地不通、PT 测控屏 N 相对地不通来说明。

故障 1- 线路保护屏：检查保护电压 N 相是否与地导通，可判断保护装置至 PT 测控屏回路是否有故障。故障 2-PT 端子箱：检查 PT 端子箱电压 N 相是否与地导通，可判断 PT 端子箱电压 N 相至 PT 本体端子盒回路是否有故障。故障 3-PT 测控屏：检查电压 N 相对地导通情况，可判断 PT 测控屏至 PT 端子箱回路是否有故障，如图 2.3-19 所示。

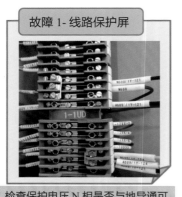

故障 1- 线路保护屏

检查保护电压 N 相是否与地导通可判断保护装置至 PT 测控屏回路是否有故障

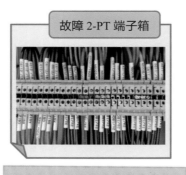

故障 2-PT 端子箱

检查电压 N 相对地导通情况，可判断 PT 端子箱电压 N 相至 PT 本体端子盒回路是否有故障

故障 3-PT 测控屏

检查电压 N 相对地导通情况，可判断 PT 测控屏至 PT 端子箱回路是否有故障

图 2.3-19

4）故障处理

第 4 个要点：重新紧固接线端子，注意要排除胶皮接触端子排；紧固 PT 端子箱 N 相接线端子；紧固 PT 测控屏 N 相接线端子；若为电缆原因则需要更换电缆，如图 2.3-20 所示。

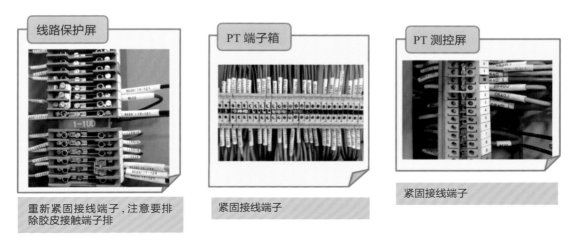

图 2.3-20

5）检查验证

　　检查 PT 测控电压是否正常；检查线路电压是否正常；检查监控后台电压是否正常，如图 2.3-21 所示。

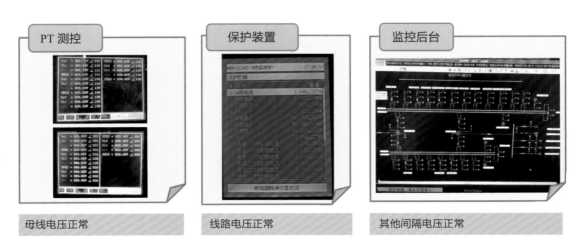

图 2.3-21

3.TDY-220/√3-0.01H 型电容式电压互感器二次中性点接地不良故障查找及处理

电容式电压互感器二次中性点接地不良故障查找及处理的流程如图 2.3-22 所示。

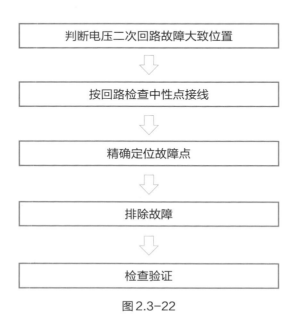

图 2.3-22

4. 小结

1）可迁移知识点

为防止高低压绕组间绝缘击穿时造成设备和人身事故，电压中性点必须可靠接地，这一点同样适用于电流互感器二次回路中。

2）区别知识点

在系统发生故障时，电压次回路中性点电压将发生漂移，将导致保护装置的部分功能闭锁甚至误动作；电流二次回路中性点将产生过电压，严重时可能导致回路击穿。

2.4 TYD-220/√3-0.01H 型电容式电压互感器电气试验

2.4.1 TYD-220/√3-0.01H 型电容式电压互感器的电气试验前准备

1. 危险点分析

开始电气试验前试验人员先确认危险点,如图 2.4-1 所示。

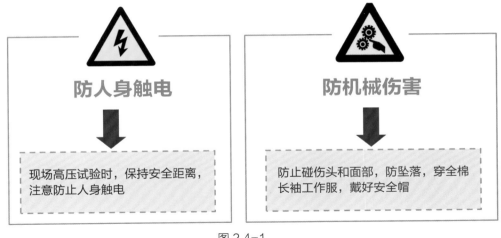

图 2.4-1

2. 工器具准备

电气试验所需工具器如表 2.4-1 所示。

表 2.4-1

操作人员	2 名	绝缘手套	1 副
电源盘	1 个	放电棒	1 根
安全围栏	若干	万用表	1 个
绝缘垫	若干		

3. 电气试验的步骤

1）设置安全措施

首先准备被试品，被试品已拆除外部接线；其次设置安全措施，设置安全围栏，围栏出入口悬挂"从此进出"标示牌，工作地点放置"在此工作"标示牌，在围栏上对外悬挂"止步 高压危险"标示牌；最后，确认安全措施，确保安全措施满足试验要求，如图 2.4-2 所示。

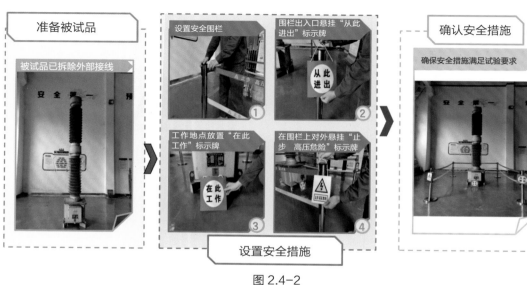

图 2.4-2

2）检查安全工器具

首先检查放电棒，放电棒要在有效期内；检查绝缘手套的外观，检查绝缘手套气密性，绝缘手套要在有效期内；然后检查万用表，万用表示数要求合格；检查绝缘垫，绝缘垫要在有效期内，如图 2.4-3 所示。

检查放电棒

放电棒在有效期内

绝缘手套外观检查

绝缘手套在有效期内

绝缘手套气密性检查

检查万用表

万用表示数合格

绝缘垫在有效期内

检查绝缘垫

图 2.4-3

3）电压互感器放电、接地

首先将接地端接地，将放电棒接地，其次戴绝缘手套对被试品经限流电阻放电，戴绝缘手套对被试品直接放电，最后将被试品外壳接地，如图 2.4-4 所示。

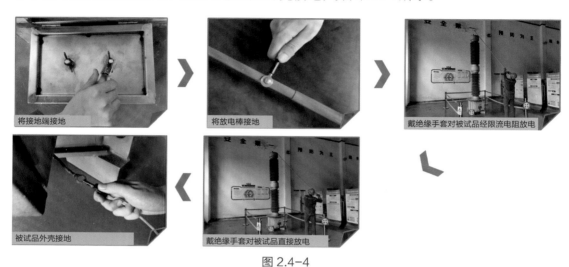

图 2.4-4

4）搭接试验电源

首先查看试验电源状态，检查试验电源空开在分闸位置；其次搭接试验电源，万用表选择交流挡位，测量空开下端电压为 0，合上空气开关，再次测量空开下端电压，接上电源盘，检查线盘漏电保护动作正常；最后，确认试验电压，电源盘输出电压满足仪器输入要求，如图 2.4-5 所示。

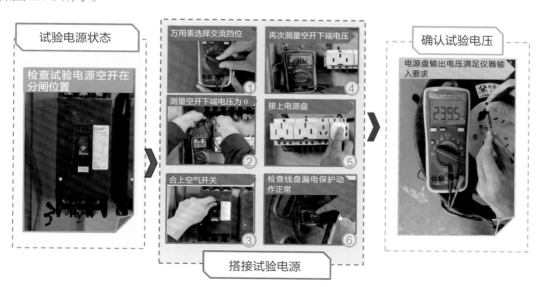

图 2.4-5

4. 电气试验的准备流程

电气试验的准备流程如图 2.4-6 所示。

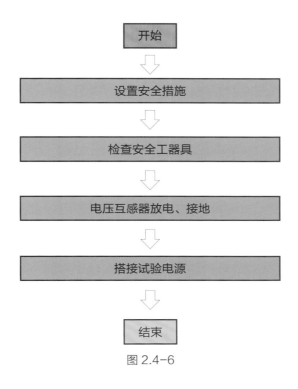

图 2.4-6

5. 小结

1）流程口诀

安全措施要布置，

工具检查很重要，

放电接地不可少，

搭接电源要可靠。

2）可迁移知识点

（1）电气试验开始前均须根据现场实际情况，布置合适的安全措施。

（2）试验前的接地操作都应严格按照先接接地端，后接放电端进行。

（3）试验前、后应对被试设备进行充分放电。

2.4.2　TYD-220/√3-0.01H 型电容式电压互感器的专业巡视

1.TYD-220/√3-0.01H 型电容式电压互感器外观检查要点

1）任务描述

在对 TYD-220/√3-0.01 H 型电容互感器进行外观检查的情况下，您会遇到此项任务，了解并掌握检查要点，有助于全面了解设备状态。

2）引用标准

（1）Q/ GDW 1799.1-2013《电力安全工作规程 (变电部分)》。

（2）GB/T4703-2007《电容式电压互感器》。

（3）《国家电网公司变电运维管理规定 (试行) 第 7 分册电压互感器运维细则》。

2.TYD-220/√3-0.01H 型电容互感器外观检查对象分解

电容互感器外观检查对象分解的要点，如图 2.4-7 所示。

❶	整体检查
❷	二次接线盒及端子箱
❸	接地及渗漏油
❹	铭牌及相序
❺	端子箱检查

图 2.4-7

1）整体检查

需检查项目：金属部位无锈蚀；底座、支架、基础牢固，无倾斜变形；外绝缘表面完整，无裂纹、放电痕迹、老化迹象，防污闪涂料完整无脱落；各连接引线及接头无松动、发热、变色迹象，引线无断股、散股，如图 2.4-8 所示。

金属部位检查

金属部位无锈蚀；底座、支架、基础牢固，无倾斜变形

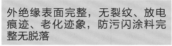
外绝缘表面完整，无裂纹、放电痕迹、老化迹象，防污闪涂料完整无脱落

绝缘检查

连接引线检查

各连接引线及接头无松动、发热、变色迹象，引线无断股、散股

图 2.4-8

2）二次接线盒及端子箱

需检查项目：接地引下线无锈蚀、松动情况；二次接线盒关闭紧密，电缆进出口密封良好；端子箱门关闭良好，如图 2.4-9 所示。

接地引下线检查

接地引下线无锈蚀、松动情况

二次接线盒关闭紧密，电缆进出口密封良好

接线盒检查

箱门检查

220kV1组母线PT 端子箱

端子箱门关闭良好

图 2.4-9

3）接地及渗漏油

需检查项目：接地标识齐全、清晰；油浸电压互感器油位指示正常，各部位无渗漏油现象；电容式电压互感器的电容分压器及电磁单元无渗漏油，如图 2.4-10 所示。

接地标识齐全、清晰

油浸电压互感器油位指示正常，各部位无渗漏油现象

油位检查

渗漏油检查

电容式电压互感器的电容分压器及电磁单元无渗漏油

图 2.4-10

4）铭牌及相序

需检查项目：设备铭牌齐全、清晰；设备标示牌、相序标注齐全、清晰；原存在的设备缺陷是否有发展趋势，如图 2.4-11 所示。

铭牌检查

设备铭牌齐全、清晰

设备标示牌、相序标注齐全、清晰

220kVⅠ组母线
A相PT

设备标示牌、标注检查

缺陷检查

原存在的设备缺陷是否有发展趋势

图 2.4-11

5）端子箱检查

需检查项目：端子箱内孔洞封堵严密；端子箱内各二次空气开关、刀闸、切换把手、熔断器投退正确；二次接线名称齐全，引接线端子无松动、过热、打火现象，接地牢固可靠；端子箱门开启灵活、关闭严密；端子箱内内部清洁，无异常气味、无受潮凝露现象；驱潮加热装置运行正常，加热器按要求正确投退，如图 2.4-12 所示。

箱内孔洞检查

端子箱内孔洞封堵严密

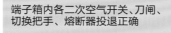

端子箱内各二次空气开关、刀闸、切换把手、熔断器投退正确

箱内设备检查

接线检查

二次接线名称齐全，引接线端子无松动、过热、打火现象，接地牢固可靠

箱门检查

端子箱门开启灵活、关闭严密

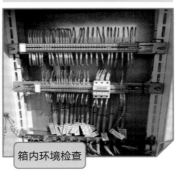

端子箱内内部清洁，无异常气味、无受潮凝露现象

箱内环境检查

投退

驱潮加热装置运行正常，加热器按要求正确投退

图 2.4-12

3.TYD-220/√3-0.01H 型电容互感器外观检查

电容互感器外观检查的流程如图 2.4-13 所示。

整体外观检查 → 检查二次接线盒及端子箱外观 → 检查接地标识及有无渗漏油 → 检查设备铭牌及相序是否可见 → 检查端子箱内部情况

图 2.4-13

4. 小结

1）可迁移知识点

（1）大风、雷雨、冰雹天气过后，检查导引线无断股、散股迹象，设备上无飘落积存杂物，外绝缘无闪络放电痕迹及破裂现象。

（2）雾霾、大雾、毛毛雨天气时，检查外绝缘无沿表面闪络和放电，重点监视瓷质污秽部分，必要时夜间熄灯检查。

（3）高温天气时，检查油位指示正常，SF_6 气体压力应正常。

2）区别知识点

（1）对于干式电压互感器，应检查外绝缘表面无粉蚀、开裂、凝露、放电现象，外露铁芯无锈蚀。

（2）GIS 设备还应检查 SF_6 密度继电器压力正常。

2.4.3 如何进行 TYD-220/√3-0.01H 型电容式电压互感器红外测温

1. 安全危险点分析

开始红外测温前，操作人员先确认危险点，如图 2.4-14 所示。

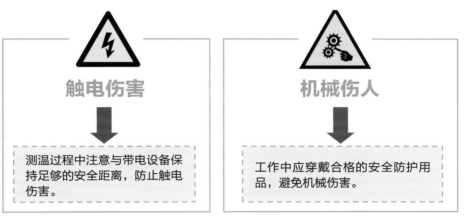

图 2.4-14

2. 工器具准备

红外测温所需要工器具如表 2.4-2 所示。

表 2.4-2

操作人员	2 人	TYD-220/√v3-0.001H 型电容互感器	1 台
TI600 型红外热像仪	1 台	测温记录表	1 张

1）准备工作

首先检查仪器完好、检查镜头选用正确；其次仪器开机，装入电池，按压合上电源盖，长按电源键，等待倒计时后即可出现测试主画面；随后，点击"A"按键，屏幕出现"校正"字样，并等待完成，如图 2.4-15 所示。

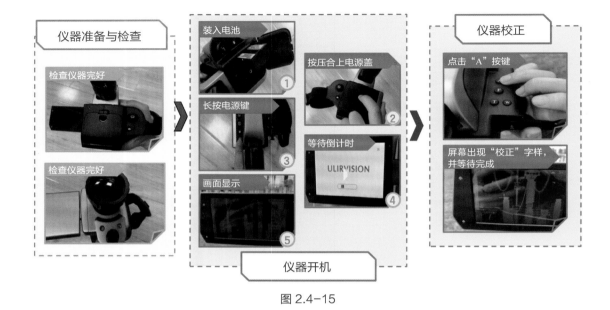

图 2.4-15

2）焦距调整

上下推动回车按键，可调整热像仪焦距远近，再点击"F"键自动对焦，屏幕显示 AF，等待完成对焦，特殊情况可旋转镜头框手动对焦，使画面更清晰，如图 2.4-16 所示。

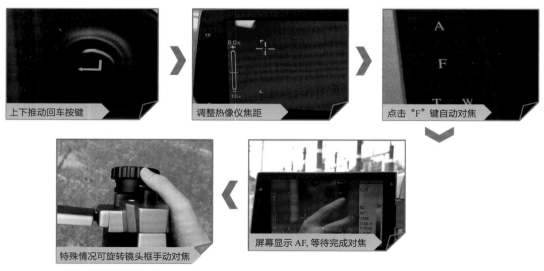

图 2.4-16

3）仪器功能

向左拨动回车键可冻结画面，屏幕显示"冻结"固定参数；点击相机标识按键，将画面拍照保存，查看测温数据，如图 2.4-17 所示。

图 2.4-17

4）模式调整

点击"M"按键，选择"红外视图"模式，即可观察红外成像；继续点击"M"按键，选择"双视窗"模式，可同时观察红外与可见光成像，如图 2.4-18 所示。

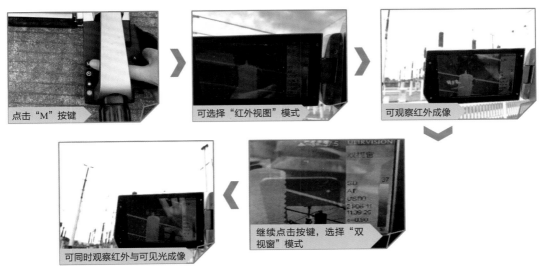

图 2.4-18

5）参数调整

点击回车按键，进入菜单，选择"测温"，再选择"测温参数"模式，调整"辐射率"为 0.9，根据现场实际调整距离与湿度，最后调整修正系数与修正温度，如图 2.4-19 所示。

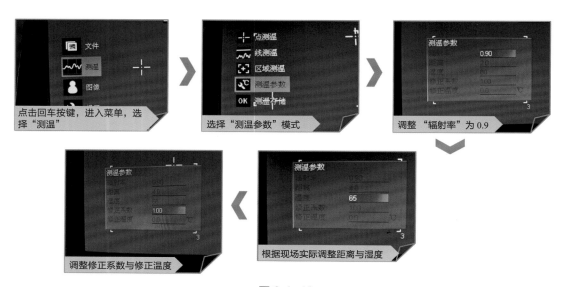

图 2.4-19

6）红外测温

测量一次接线端温度，记录后更换点位，再取 2 点测量；测量高压电容连接部位温度，记录后更换点位，再取 2 点测量；最后测量电磁单元箱体温度，记录后更换点位，再取 2 点测量，判断测温结果是否合格，如图 2.4-20 所示。

图 2.4-20

7）照片查看

点击回车按钮，进入菜单页面，再次点击回车按钮，进入"文件"子菜单，选择图像管理，即可查看照片，如图 2.4-21 所示。

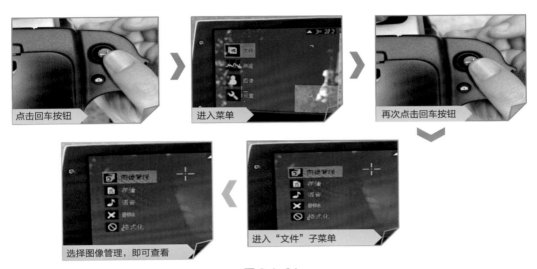

图 2.4-21

3. 红外测温的流程

红外测温的流程，如图 2.4-22 所示。

图 2.4-22

4. 小结

1）流程口诀

准备工作不可少；

焦距调整要可靠；

仪器功能很重要；

测试模式得选好；

参数调整要记牢；

多点检测更牢靠；

查看照片填报告。

2）可迁移知识点

（1）测温时，环境温度不宜低于 5 摄氏度，一般按照红外热像检测仪器的最低温度掌握。

（2）环境相对湿度不宜大于 85%。

（3）风速一般不大于 5m/s，若检测中风速发生明显变化，应记录风速。

（4）天气以阴天、多云为宜，夜间图像质量为佳。

（5）不应在有雷、雨、雾、雪等气象条件下进行。

（6）户外晴天要避开阳光直接照射或反射进入仪器镜头，在室内或晚上检测应避开灯光的直射，宜闭灯检测。

2.4.4　TYD-220/√3-0.01H 型电容式电压互感器电容单元绝缘电阻测试

1. 安全危险点分析

开始试验前试验人员首先确认危险点，如图 2.4-1 所示。

2. 工器具准备

检查试验所用工器具已备齐，并确认所有安全措施已做好，如表 2.4-3 所示。

表 2.4-3

操作人员	2 人	绝缘电阻表	1 个
验电器	1 根	放电棒	1 根
温湿度计	1 个	绝缘手套	1 副
绝缘垫	1 块	"从此进出"标示牌	1 块
"在此工作"标示牌	1 块	"止步高压危险"标示牌	1 块
接地线	1 根	试验记录本	1 个
抹布	1 块	安全围栏	若干

3. 绝缘电阻测试的步骤

1）校验绝缘电阻表

试验前先将试验所用到的设备和安全工器具放在合适的位置，然后检查绝缘电阻表是否合格，并进行开路短路试验，校验绝缘电阻表，如图 2.4-23 所示。

选择合适的位置摆放绝缘电阻表、绝缘垫、放电棒

检查绝缘电阻表在有效合格期内

检查绝缘电阻表电池电量是否充足

绝缘电阻表"E"端接地，测量端"L"端与"E"端短接，绝缘电阻测试仪显示为零

绝缘电阻表"E"、"L"端分别悬空，绝缘电阻表显示无穷大

戴绝缘手套，站在绝缘垫上，绝缘电阻表选择相应量程挡位

图 2.4-23

2）测量电压互感器高压电容 C11 的绝缘电阻

测量电压互感器高压电容 C11 的绝缘电阻时，先将电压互感器二次绕组短路接地，再打开绝缘电阻表，量程选择 2500V 挡位，将绝缘电阻表"E"端接 C11 与 C12 的连接法兰处，同时接地。加压前大声呼唱，按下加压旋钮顺时针旋转加压，戴绝缘手套将绝缘电阻表"L"端接电压互感器高压端，待读数稳定后读取绝缘电阻值，降压后关闭绝缘电阻表，如图 2.4-24 所示。

将电压互感器二次绕组短路接地

将绝缘电阻表选择 2500V 量程挡位

将绝缘电阻表"E"端接 C11 与 C12 的连接法兰处，同时接地

加压旋钮逆时针旋转降压，待电压降为 0 后，选择 OFF 挡位关闭绝缘电阻表

将绝缘电阻表"L"端接被试品高压端，读取绝缘电阻表稳定后的绝缘电阻值

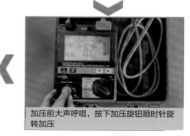

加压前大声呼唱，按下加压旋钮顺时针旋转加压

图 2.4-24

3）高压电容 C11 放电

戴绝缘手套，手持放电棒将高压电容 C11 先经放电电阻放电，再直接放电，如图 2.4-25。

图 2.4-25

4）测量电压互感器高压电容 C12 的绝缘电阻

测量电压互感器高压电容 C12 的绝缘电阻时，先将电压互感器二次绕组短路接地，拆除中间变压器一次绕组末端与避雷器之间的连线。将绝缘电阻表"E"端接"XL"端，再打开绝缘电阻表，量程选择 2500V 挡位。加压前大声呼唱，按下加压旋钮顺时针旋转加压，戴绝缘手套将绝缘电阻表"L"端接电压互感器 C11 与 C12 的连接法兰处，待读数稳定后读取绝缘电阻值，降压后关闭绝缘电阻表，如图 2.4-26 所示。

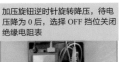

图 2.4-26

5）高压电容 C12 放电

戴绝缘手套，手持放电棒将高压电容 C12 先经放电电阻放电，再直接放电，如图 2.4-27 所示。

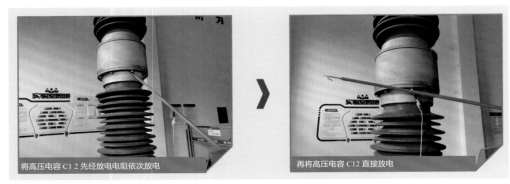

将高压电容 C12 先经放电电阻依次放电　　　再将高压电容 C12 直接放电

图 2.4-27

6）测量电压互感器中压电容 C2 的绝缘电阻

测量电压互感器中压电容 C2 的绝缘电阻时，先将电压互感器二次绕组短路接地，将"N"端悬空，拆除中间变压器一次绕组末端与避雷器之间的连线。将绝缘电阻表"E"端接地，再打开绝缘电阻表，量程选择 2500V 挡位。加压前大声呼唱，按下加压旋钮顺时针旋转加压，戴绝缘手套将绝缘电阻表"L"端接"N"端，待读数稳定后读取绝缘电阻值，降压后关闭绝缘电阻表，如图 2.4-28 所示。

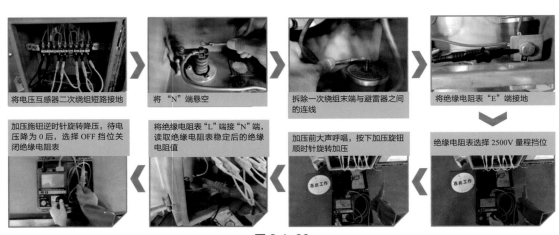

将电压互感器二次绕组短路接地　　将"N"端悬空　　拆除一次绕组末端与避雷器之间的连线　　将绝缘电阻表"E"端接地

加压施钮逆时针旋转降压，待电压降为 0 后，选择 OFF 挡位关闭绝缘电阻表　　将绝缘电阻表"L"端接"N"端，读取绝缘电阻表稳定后的绝缘电阻值　　加压前大声呼唱，按下加压旋钮顺时针旋转加压　　绝缘电阻表选择 2500V 量程挡位

图 2.4-28

7）中压电容 C2 放电

将中压电容 C2 先经放电电阻依次放电，再将中压电容 C2 直接放电，如图 2.4-29 所示。

将中压电容 C2 先经放电电阻依次放电　　再将中压电容 C2 直接放电

图 2.4-29

8）整理现场，记录数据

试验结束后拆除所有接线，将所有工器具和设备整理好，并记录试验数据，填写试验报告，如图 2.4-30 所示。

试验结束整理现场　　记录试验数据，填写试验报告

图 2.4-30

4. 流程图

绝缘电阻测试流程，如图 2.4-31 所示。

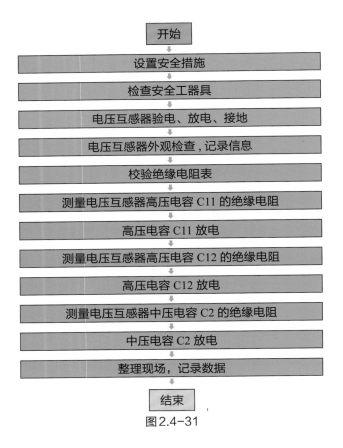

图2.4-31

5. 小结

1）流程口诀

验放电，壳接地，安全措施设置毕。

清瓷瓶，看天气，试验仪器检查毕。

查接线，开仪器，操作步骤按顺序。

被试品，放电毕，拆除接线收仪器。

记数据，查规程，相关记录分析毕。

2）可迁移知识点

（1）本试验方法可迁移至其他电压等级的电容式电压互感器电容单元绝缘电阻测试。

（2）本试验方法同样适用于其他型号的电容式电压互感器电容单元绝缘电阻测试。

2.4.5　TYD-220/√3-0.01H 型电容式电压互感器电磁单元绝缘电阻测试

1. 安全危险点分析

开始试验前试验人员首先确认危险点，如图 2.4-1 所示。

2. 工器具准备

检查试验所用工器具已备齐，并确认所有安全措施已做好，如表 2.4-3 所示。

3. 电磁单元绝缘电阻测试步骤

1）校验绝缘电阻表

试验前先将试验所用到的设备和安全工器具放在合适的位置，然后检查绝缘电阻表是否合格，并进行开路短路试验，校验绝缘电阻表，如图 2.4-32 所示。

选择合适的位置摆放绝缘电阻表、绝缘垫、放电棒

检查绝缘电阻表在有效合格期内

检查绝缘电阻表电池电量是否充足

绝缘电阻表"E"端接地，测量端"L"端与"E"端短接，绝缘电阻测试仪显示为零

绝缘电阻表"E"、"L"端分别悬空，绝缘电阻测试仪显示无穷大

戴绝缘手套，站在绝缘垫上，绝缘电阻表选择相应量程挡位

图 2.4-32

2）测量电压互感器二次绕组绝缘电阻

测量电压互感器二次绕组的绝缘电阻时，先将电压互感器被测二次绕组短路，非被测绕组短路接地，将绝缘电阻表"E"端接地，再打开绝缘电阻表，量程选择 1000V 挡位。加压前大声呼唱，按下加压旋钮顺时针旋转加压，戴绝缘手套将绝缘电阻表"L"端接被测量绕组处，待读数稳定后读取绝缘电阻值，降压后关闭绝缘电阻表，如图 2.4-33 所示。

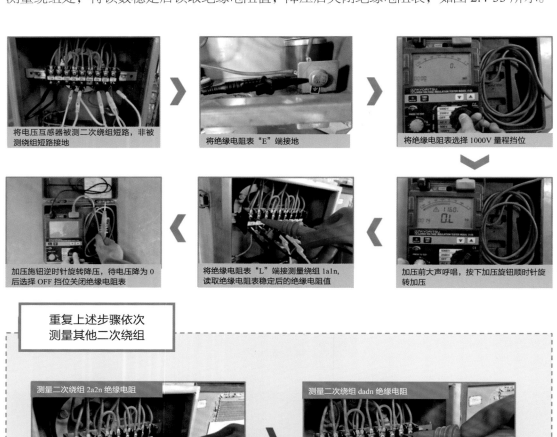

将电压互感器被测二次绕组短路，非被测绕组短路接地

将绝缘电阻表"E"端接地

将绝缘电阻表选择 1000V 量程挡位

加压施钮逆时针旋转降压，待电压降为 0 后选择 OFF 挡位关闭绝缘电阻表

将绝缘电阻表"L"端接测量绕组 1a1n，读取绝缘电阻表稳定后的绝缘电阻值

加压前大声呼唱，按下加压旋钮顺时针旋转加压

重复上述步骤依次测量其他二次绕组

测量二次绕组 2a2n 绝缘电阻

测量二次绕组 dadn 绝缘电阻

图 2.4-33

3）二次绕组放电

戴绝缘手套，手持放电棒依次对二次绕组先经放电电阻放电，再直接放电如图 2.4-34 所示。

图 2.4-34

4）测量电压互感器一次对二次绕组的绝缘电阻

测量电压互感器一次对二次绕组的绝缘电阻时，先将"N"端悬空，拆除补偿电感与地之间的连线，拆除一次绕组末端与避雷器之间的连线，将绝缘电阻表"E"端接地，再打开绝缘电阻表，量程选择 2500V 挡位，加压前大声呼唱，按下加压旋钮顺时针旋转加压，戴绝缘手套将绝缘电阻表"L"端接"XL"端，待读数稳定后读取绝缘电阻值，降压后关闭绝缘电阻表，如图 2.4-35 所示。

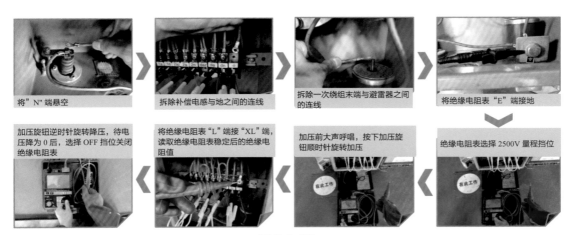

图 2.4-35

5）一次绕组放电

戴绝缘手套，手持放电棒将对一次绕组先经放电电阻放电，再直接放电，如图 2.4-36 所示。

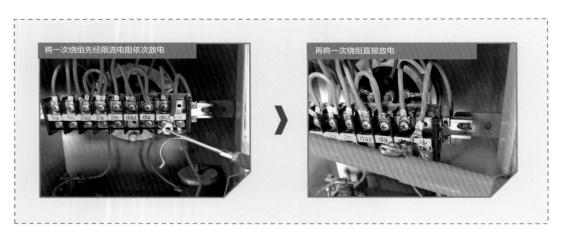

将一次绕组先经限流电阻依次放电

再将一次绕组直接放电

图 2.4-36

6）整理现场，记录数据

试验结束后拆除所有接线，将所有工器具和设备整理好，并记录试验数据，填写试验报告，如图 2.4-30 所示。

4. 流程图

电磁单元绝缘电阻测试流程如图 2.4-37 所示。

```
          ┌──────────┐
          │   开始    │
          └──────────┘
               ↓
┌─────────────────────────────────────────┐
│            设置安全措施                    │
└─────────────────────────────────────────┘
               ↓
┌─────────────────────────────────────────┐
│            检查安全工器具                  │
└─────────────────────────────────────────┘
               ↓
┌─────────────────────────────────────────┐
│         电压互感器验电、放电、接地          │
└─────────────────────────────────────────┘
               ↓
┌─────────────────────────────────────────┐
│       电压互感器外观检查，记录信息          │
└─────────────────────────────────────────┘
               ↓
┌─────────────────────────────────────────┐
│            校验绝缘电阻表                  │
└─────────────────────────────────────────┘
               ↓
┌─────────────────────────────────────────┐
│      测量电压互感器二次绕组的绝缘电阻        │
└─────────────────────────────────────────┘
               ↓
┌─────────────────────────────────────────┐
│             二次绕组放电                   │
└─────────────────────────────────────────┘
               ↓
┌─────────────────────────────────────────┐
│   测量电压互感器一次绕组对二次绕组的绝缘电阻  │
└─────────────────────────────────────────┘
               ↓
┌─────────────────────────────────────────┐
│             一次绕组放电                   │
└─────────────────────────────────────────┘
               ↓
┌─────────────────────────────────────────┐
│         整理现场，记录数据                 │
└─────────────────────────────────────────┘
               ↓
          ┌──────────┐
          │   结束    │
          └──────────┘
```

图2.4-37

2.4.6 TYD-220/√3-0.01H 型电容式电压互感器介质损耗因数测试

1. AI-6000F 型介质损耗因数测试仪介绍

AI-6000F 型介质损耗因数测试仪是发电厂、变电站等现场或实验室测试各种高压电力设备介损正切值及电容量的高精度测试仪器，如图 2.4-38 所示。

该仪器为一体化结构，内置介损测试电桥，可变频调压电源，升压变压器和 SF_6 高稳定度标准电容器。测试高压源由仪器内部的逆变器产生，经变压器升压后用于测试被试品。

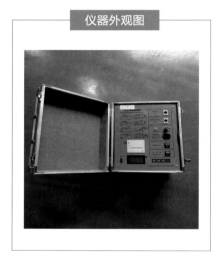

图 2.4-38

AI-6000F 自动抗干扰精密介质损耗测试仪用于现场抗干扰介损测量，或试验室精密介损测量。仪器为一体化结构，内置介损电桥、变频电源、试验变压器和标准电容器等。采用变频抗干扰和傅立叶变换数字滤波技术，全自动智能化测量，强干扰下测量数据非常稳定。测量结果由大屏幕液晶显示，自带微型打印机可打印输出。测试的主要技术指标：

（1）准确度：Cx：+（读数 x 1%+1pF），tgδ：+（读数 x 1%+0.00040）。

（2）抗干扰指标：变频抗干扰，在 200% 干扰下仍能达到上述准确度。

（3）电容量范围：内施高压：3pF ~ 60000pF/10kV 60pF ~ 1μF/0.5kV，外施高压：3pF ~ 1.5μF/10kV 60pF ~ 30μF/0.5kV，分辨率：最高 0.001pF，4 位有效数字。

（4）tgδ 范围：不限，分辨率 0.001%，电容、电感、电阻三种试品自动识别。

（5）试验电流范围：10μA~ 5A。

（6）内施高压：设定电压范围：0.5～10kV，最大输出电流：200mA，升降压方式：连续平滑调节，电压精度：+(1.5%x读数+10V)，电压分辨率：1V，试验频率：45、50、55、60、65Hz，单频 45/55Hz、55/65Hz、47.5/52.5Hz自动双变频，频率精度：+0.01Hz。

（7）外施高压：正接线时最大试验电流5A，工频或变频40-70Hz 反接线时最大试验电流10kV/5A，工频或变频40-70Hz。

（8）CVT自激法低压输出：输出电压3～50V，输出电流3～30A。

（9）测量时间：约30s，与测量方式有关。

（10）输入电源：180V～270VAC，50Hz/60Hz+1%，市电或发电机供电。

（11）计算机接口：标准RS232接口。

（12）打印机：M150型微型打印机。

（13）环境温度：−10℃～50℃。

（14）相对湿度：＜90%。

2. 仪器测量原理

A2-600下电桥原理和电流电压矢量图如图 2.4-39 所示

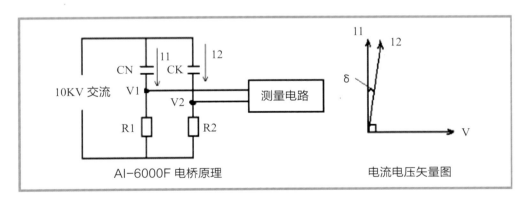

图 2.4-39

AI-6000F 电桥是通过电流来取信号，根据电流的幅值大小和相位变化，通过计算得出试品的电容量 Cx 和介损 $tg\delta$。

$I1=V1/R1$

$I2=V2/R2$

通过傅立叶变换到频域，求出 $I1$ 与 $I2$ 的相位差 δ，$tg\delta$ 即为介损。

同时，根据 $I=\omega*C*V$，所以 $Cx*I1=Cn*I2$

可以求出：$Cx= I2*Cn/I1$

3. 变频测量

AI-6000F 介损仪采用变频测量来抗干扰。

为了减小变频测量带来的误差，采用双变频测量原理：在 50Hz 对称位置 45Hz 和 55Hz 各测量一次，然后将测量数据平均，使误差大大减小。采用双变频测量，既发挥了变频测量的高抗干扰能力，理论上的最大相对误差也小于 1％，可以满足现场测量需要。

实际测量显示，变频测量的数据十分稳定，重复性特别好。试验室校验也显示了很好的精度指标。

现场测量介损时，干扰会随着电压等级的提高越来越严重，此种情况下，变频测量是一个很好的、甚至是唯一的选择。变频测量的抗干扰能力比移相、倒相法能提高一个数量级以上。好比两个电台在同一个频率上，很难将另一个信号抑制掉，但如果两个电台的频率不同，则很容易区分。

4. 测试仪的构成

根据功能的不同，AI-6000F 型介质损耗因数测试仪可以分成六部分，各部分直接或间接的配合，AI-6000F 型介质损耗因数测试仪能在现场精准快速地测出被试品的介损和电容量，如图 2.4-40 所示。

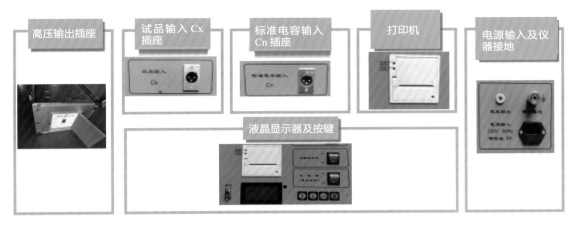

图 2.4-40

5. 结构与工作原理

1）仪器结构

A1-6000F 型介质损耗因数测试仪的结构如图 2.4-41 所示。

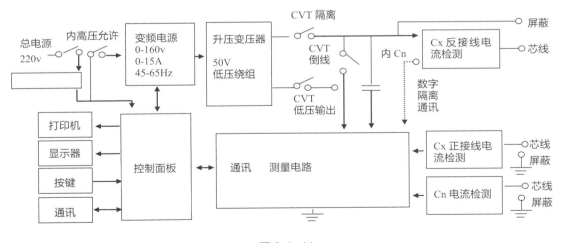

图 2.4-41

2）测试仪各元件作用

测量电路：傅立叶变换、复数运算等全部计算和量程切换、变频电源控制等。

控制面板：打印机、键盘、显示和通讯中转。

变频电源：采用 SPWM 开关电路产生大功率正弦波稳压输出。

升压变压器：将变频电源输出升压到测量电压，最大无功输出 2kVA / 1 分钟。

标准电容器：内 Cn，测量基准。

Cn 电流检测：用于检测内 / 外标准电容器电流，10μA~5A。输入电阻 <2Ω。

Cx 正接线电流检测：只用于正接线测量，10μA~5A。输入电阻 <2Ω。

Cx 反接线电流检测：只用于反接线测量，10μA~5A。输入电阻 <2Ω。

反接线数字隔离通讯：采用精密 MPPM 数字调制解调器，将反接线电流信号送到低压侧。隔离电压 20kV。

3）测试的工作原理

启动测量后高压设定值送到变频电源，变频电源用 PID 算法将输出缓速调整到设定值，测量电路将实测高压送到变频电源，微调低压，实现准确高压输出。根据正 / 反接线和内 / 外标准电容的设置，测量电路根据试验电流自动选择输入并切换量程，测量电路采用傅立叶变换滤掉干扰，分离出信号基波，对标准电流和试品电流进行矢量运算，幅值计算电容量，角差计算 tgδ。反复进行多次测量，经过排序选择一个中间结果。测量结束，测量电路发出降压指令变频电源缓速降压到 0。

CVT 测量：CVT 隔离开关断开，低压隔离开关接通输出低压。测量 C2 时，CVT 导线开关接通，C2 接入试品通道，用 C1 作标准电容测量 C2。

4）安全性能

测试仪的安全性能主要体现为：

多种安全保护措施，确保人身和试验设备安全。

高压保护：试品短路、击穿或高压电流波动，能以短路方式高速切断输出。

低压保护：误接 380V，电源波动或突然断电，启动保护，不会引起过电压。

接地保护：仪器接地失灵使外壳带危险电压时，启动接地保护。

CVT：高压电压和电流、低压电压和电流四个保护限，不会损坏设备；误选菜单不会输出激磁电压。

防误操作：两级电源开关；电压、电流实时显示；多次按键确认；接线端子高 / 低压分明；声光报警。

防"容升"：测量大容量试品时会出现电压抬高的"容升"效应，仪器能自动跟踪输出电压，保持试验电压恒定。

6. 测试仪的安全性能

AI-6000F 型介质损耗因数测试仪成熟的生产和设计技术，不仅能保护试验人员，还能对被测设备、仪器自身进行保护，提高电网的运行可靠性。

7. 常见测量方式

一般现场常用的试验方法有正接法、内标准电容、开内高压，反接法、内标准电容、开内高压，CVT 自激法、内标准、开内高压三种，如图 2.4-42 所示。

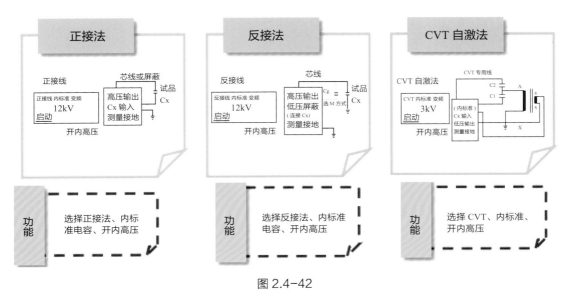

图 2.4-42

8. 小结

AI-6000 系列介质损耗因数测试仪的优点：

（1）现场抗干扰能力强，数据稳定。采用 45-65Hz 变频抗干扰技术，在 200% 干扰下仍能准确测量，测试数据非常稳定。

（2）测量精度高。测试仪不仅是一台抗干扰电桥，又是一台精密电桥，可以用于试验室的各种精密介损试验。

（3）安全性高。具备高压保护、低压保护、接地保护、CVT、防误操作、防"容升"、抗震性能、高压电缆。

（4）功能强大、产品系列化。AI-6000 一体机一共有六种型号，有 A 型、B 型、C 型、D 型、E 型、F 型。

AI-6000F 系列介质损耗因数测试仪的特点：

（1）内部高压输出为 12kV， 最大输出电流 200mA。

（2）增加回路接触不良放电提示功能，以方便判别接线是否可靠。

（3）增强反接线低压屏蔽功能，可一次接线同时测出两个电容的电容量和介损值。

（4）增加 CVT 变化功能，可测量 CVT 变化、极性和相位误差。

2.4.7　TYD-220/√3-0.01H 型电容式电压互感器介损及电容量正接法测量

1. 危险点分析

开始测量前，操作人员首先确认危险点，如图 2.4-43 所示。

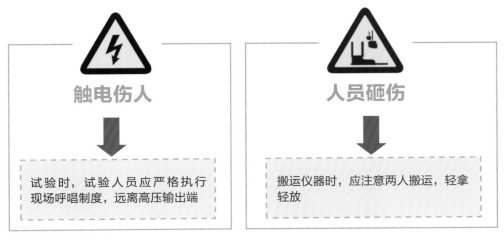

触电伤人	人员砸伤
试验时，试验人员应严格执行现场呼唱制度，远离高压输出端	搬运仪器时，应注意两人搬运，轻拿轻放

图 2.4-43

2. 工器具准备

检测试验所用工器具是否已备齐，并确认所有安全措施已做好，如表 2.4-4 所示。

表 2.4-4

操作人员	2 人	AI-6000F 型介质损耗因数测试仪	1 台
验电器	1 根	放电棒	1 根
温湿度计	1 个	绝缘手套	1 副
绝缘垫	1 块	"从此进出"标示牌	1 块
"在此工作"标示牌	1 块	"止步高压危险"标示牌	1 块
接地线	1 根	试验记录本	1 个
抹布	1 块	安全围栏	若干

3. 测量步骤

1）检查所需仪器

工作前，应将所需仪器准备好，定置摆放，检查仪器是否正常，是否齐全，是否在合格期内。所需仪器如图 2.4-44 所示。

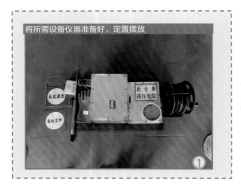
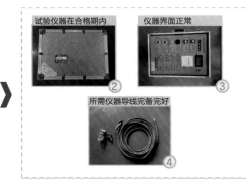

图 2.4-44

2）电压互感器外观检查，记录信息

试验前，试验人员应仔细检查被试品外观是否良好，并用抹布将表面清理干净，摆好温湿度计，并用试验记录本记录好试验现场的天气、温度、湿度、人员和被试品铭牌数据等相关数据，如图 2.4-45 所示。

图 2.4-45

3）试验仪器接线

仪器接线时，应先连接仪器的接地端将仪器接地，再用红色的导线连接仪器的高压输出端和测量接地。然后用黑色的导线连接仪器面板上的试品输入端，接线完毕后注意检查是否连接可靠正确无松动，如图 2.4-46 所示。

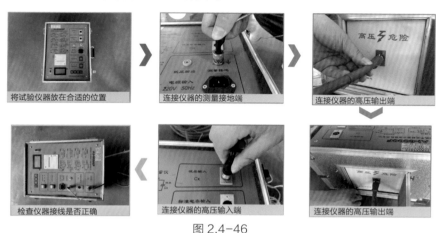

图 2.4-46

4）测量试验设备上节接线

对被试品上节进行接线时，红色的高压试验线应连接在被试品的高压接线板上，同时红色导线上的屏蔽线也应夹在上面。黑色的导线芯线连接在被试品中间法兰上，接线完毕后注意检查是否连接可靠正确无松动，如图 2.4-47 所示。

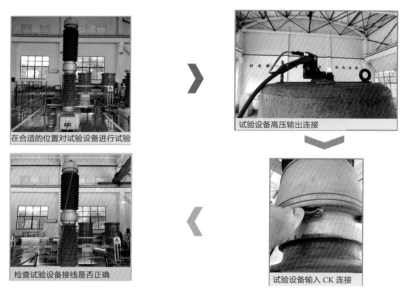

图 2.4-47

5）正接法测量电压互感器介损及电容量

接线完毕检查无误后，接通电源，按下总电源按钮，开启仪器，将内高压允许按钮由关到开，选择正接线、内标准、10000V，然后按启动开始试验，试验时注意大声呼唱，时刻注意电流大小，如有异常立刻切断电源。试验完毕后，关闭内高压允许、总电源，拔掉电源插头，试验设备放电，并将仪器和被试品恢复到初始状态，如图 2.4-48 所示。

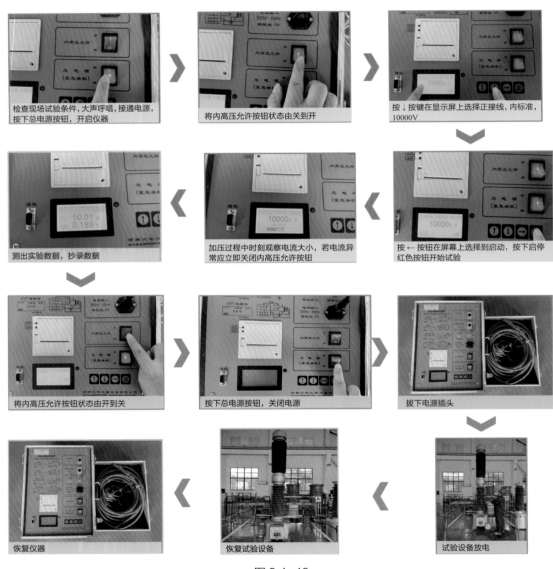

图 2.4-48

6）测量试验设备下节接线

对下节测量时，应将芯线和屏蔽线同时连接在电压互感器中间法兰处。然后打开二次接线盒，拆除 N 端接地，并将黑色测量芯线接至 N 端，同时拆除 XL 接地并悬空。最后将所有二次绕组短路并接地，接线完毕后注意检查是否正确可靠无松动，后续测量步骤同上节介损及电容量测试步骤一致，如图 2.4-49 所示。

图 2.4-49

7）整理现场，记录数据

试验结束后，填写试验数据和报告，分析数据，最后整理好现场，做到"工完、物尽、场地清"，如图 2.4-50 所示。

图 2.4-50

4. 测试流程

电容式电压互感器介损及电容量正接法测量的流程如图 2.4-51 所示。

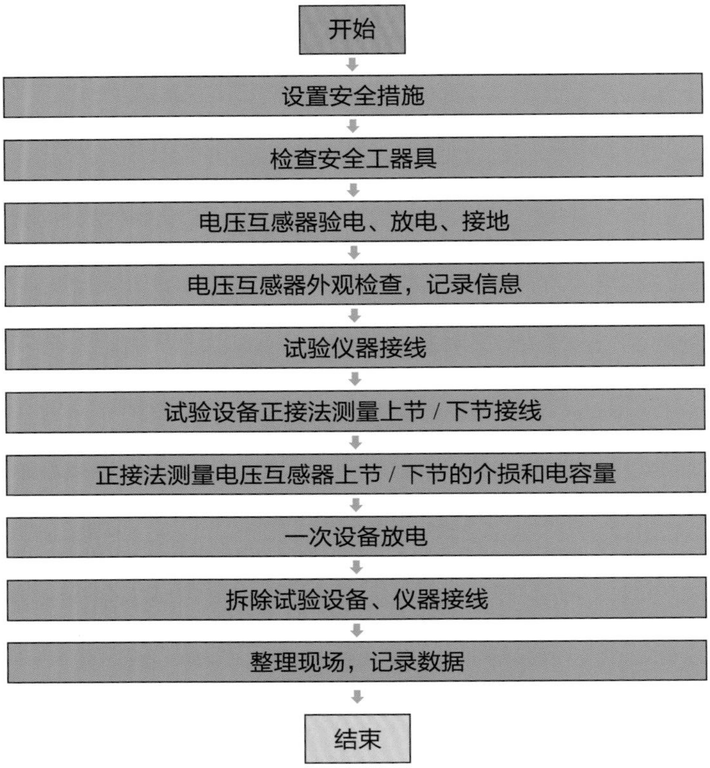

```
开始
  ↓
设置安全措施
  ↓
检查安全工器具
  ↓
电压互感器验电、放电、接地
  ↓
电压互感器外观检查，记录信息
  ↓
试验仪器接线
  ↓
试验设备正接法测量上节 / 下节接线
  ↓
正接法测量电压互感器上节 / 下节的介损和电容量
  ↓
一次设备放电
  ↓
拆除试验设备、仪器接线
  ↓
整理现场，记录数据
  ↓
结束
```

图 2.4-51

2.4.8　TYD-220/√3-0.01H 型电容式电压互感器介损及电容量反接法测量

1. 危险点分析

开始测量前，操作人员首先确认危险点，如图 2.4-43 所示。

2. 工器具准备

检测试验所用工器具是否已备齐，并确认所有安全措施已做好，如表 2.4-5 所示。

3. 测量步骤

1）检查所需仪器

工作前，应将所需仪器是否准备好并定置摆放，检查仪器是否正常，是否齐全，是否在合格期内，如图 2.4-44 所示。

2）电压互感器外观检查，记录信息

试验前，试验人员应仔细检查被试品外观是否良好，并用抹布将表面清理干净，摆好温湿度计，并用试验记录本记录好试验现场的天气、温度、湿度、人员和被试品铭牌数据等相关数据，如图 2.4-45 所示。

3）试验仪器接线

仪器接线时，应先连接仪器的接地端将仪器接地，再用红色的导线连接仪器的高压输出端和测量接地，接线完毕后注意检查是否连接可靠正确无松动，如图 2.4-52 所示。

将试验仪器放在合适的位置

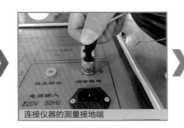
连接仪器的测量接地端

连接仪器的高压输出端

检查仪器接线是否正确

连接仪器的高压输出端

图 2.4-52

4）测量试验设备下节接线

对被试品下节进行接线时，红色的高压试验线连接在被试品的中间接头上，接线完毕后注意检查是否连接可靠正确无松动，如图 2.4-53 所示。

在合适的位置对试验设备进行试验

试验设备高压输出连接

检查试验设备接线是否正确

图 2.4-53

5）反接线测量电压互感器介损及电容量

接线完毕检查无误后，接通电源，按下总电源按钮，开启仪器，将内高压允许按钮由关到开，选择反接线、内标准、10000V，然后按启动开始试验，试验时注意大声呼唱，时刻注意电流大小，如有异常立刻切断电源。试验完毕后，关闭内高压允许、总电源，拔掉电源插头，试验设备放电，并将仪器和被试品恢复到初始状态。反接线测量电压互感器介损及电容量的过程相反，如图 2.4-48 所示，不同之处是按↓键在显示屏上选择反接线。

6）整理现场，记录数据

试验结束后，填写试验数据和报告，分析数据。最后整理好现场，做到"工完、物尽、场地清"如图 2.4-50 所示。

4. 测试流程

电容式电压互感器介损及电容量反接法测量的流程如图 2.4-54 所示。

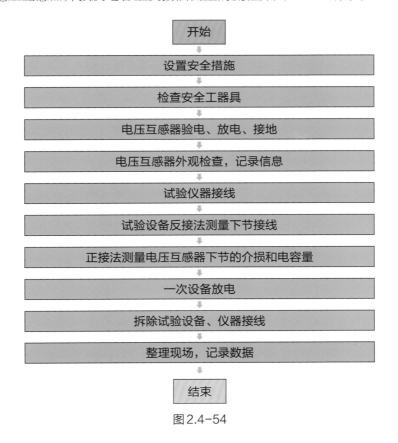

图 2.4-54

2.4.9　TYD-220/√3-0.01H 型电容式电压互感器介损及电容量自激法测量

1. 安全危险点分析

开始试验前操作人员首先确认危险点，如图 2.4-1 所示。

2. 工器具准备

检查试验所用工器具是否已备齐，所需工器具如表 2.4-5 所示。

表 2.4-5

操作人员	2 人	AI-6000F 型介质损耗测试仪	1 台
电源盘	1 个	万用表	1 个
安全围栏	若干	绝缘垫	1 张
放电棒	1 根	绝缘手套	1 副
绝缘梯	1 把	工具箱	1 个
温湿度计	1 个	抹布	1 块

3. 介损及电容量自激法测量步骤

1）确认被试品状态

被试品在试验前应为检修状态，并且保证本体外观完好，瓷瓶无明显破损，二次接线也应标示清楚，方便接线，如图 2.4-55 所示。

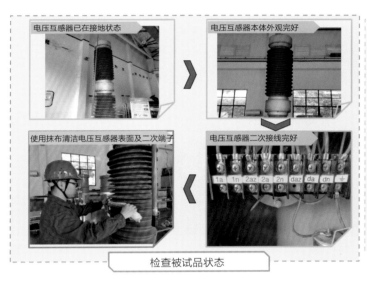

图 2.4-55

2）检查仪器状态并记录信息

试验仪器应满足试验需求：主要包括试验仪器主机外观完好、测试线齐全且无断股，环境满足试验条件，最后记录被试品铭牌，主要包括厂家、生产日期等信息，便于下次试验进行对比分析，如图 2.4-56 所示。

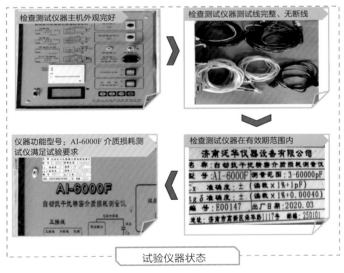

图 2.4-56

3）试验接线

测试 C12 与 C2 的介损及电容量，需按照自激法的接线方式依次完成试验接线，最后取下放电棒，完成试验接线，如图 2.4-57 所示。

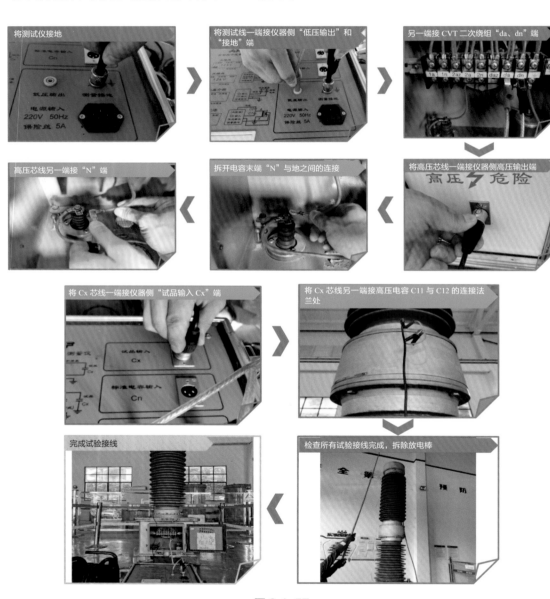

图 2.4-57

4）测量 C12 与 C2 的介损及电容量

　　试验接线完成后，通知其他无关人员撤离围栏之外，并派专人看守防止靠近。然后在监护下操作介损仪，在取得许可后方可开始加压，加压过程应全程监护。操作时选择 2kV 测试电压，测试方法为自激法，加压过程中应集中注意力，防止出现异常情况，如图 2.4-58 所示。

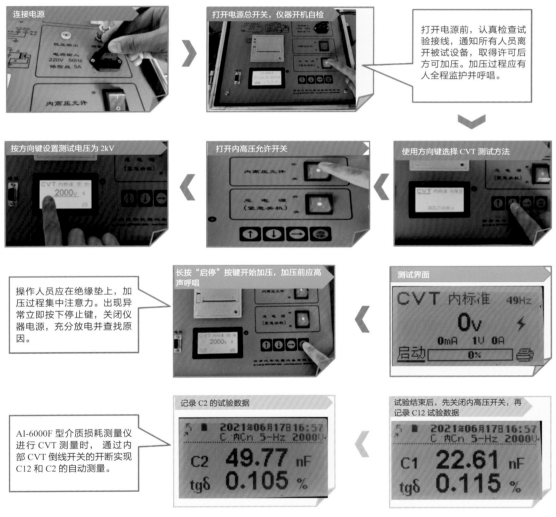

图 2.4-58

5）试验结束，现场恢复

试验结束后关闭仪器，再次进行放电，收拾现场，恢复设备至初始状态，并将现场恢复原样，如图 2.4-59 所示。

图 2.4-59

4. 测试流程

电容式电压互感器介损及电容量自激法测量的步骤如图 2.6-60 所示。

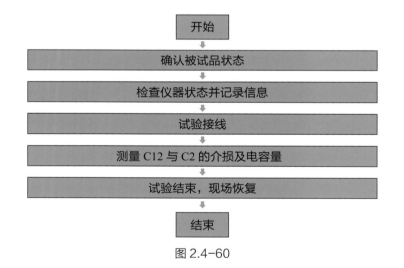

图 2.4-60

5. 小结

1）流程口诀

仪器设备先检查，

设备放电不可少，

试验接线须准确，

测试过程警惕高，

结果记录保质量。

2）可迁移知识点

（1）不同电压的等级的电容式电压互感器低压绕组加压均不超过 2500V。

（2）试验前、后应对被试设备进行充分放电。

（3）自动介损测试仪测试过程中按任意键则断测试。

2.4.10　TYD-220/√3-0.01H 型电容式电压互感器中间变压器介损及电容量测量

1. 安全危险点分析

开始试验前操作人员首先确认危险点，如图 2.4-1 所示。

2. 工器具准备

检查试验所用工器具是否已备齐，所需工器具如表 2.4-5 所示。

3. 介损及电容量自激法测量步骤

1）确认被试品状态

被试品在试验前应为检修状态，如图 2.4-57 所示。

2）检查仪器状态并记录信息

试验仪器应满足的需求主要有：试验仪器主机外观完好、测试线齐全且无断股，环境满足试验条件，最后记录被试品铭牌，主要包括厂家、生产日期等信息，便于下次试验进行对比分析，如图 2.4-61 所示。

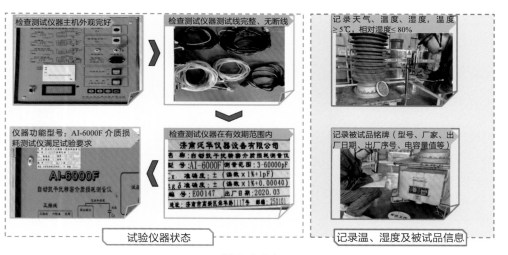

图 2.4-61

3）试验接线

由于不同型号的电容式电压互感器结构有一定的差别，本课件使用的电容式电压互感器 C12 和 C2 之间无引出点，因此对中间变压器的介损及电容量测试时需要将 C11 与 C12 之间的连接法兰与末屏端进行短接并接于高压芯线，采用反接线的方式进行测量，主要有两种接线方法如图 2.4-62 所示。

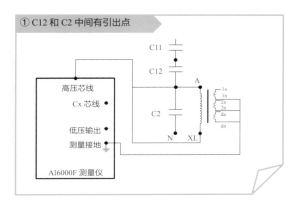
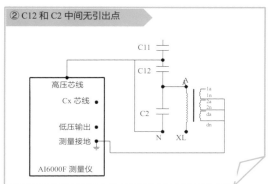

第一种方法：将中间变压器一次绕组 A 端与 XL 端短接接高压芯线。适用于 C12 与 C2 中间有引出点的电容式电压互感器。第二种方法：将 C11 与 C12 连接法兰与末屏 N 端短接接高压芯线，适用于 C12 和 C2 中间无引出点的电容式电压互感器。本课件研究的 220kV CVT 属于第二种情况。

图 2.4-62

电容互感器侧接线过程如图 2.4-63 所示。

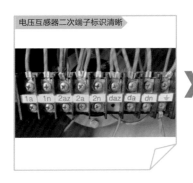

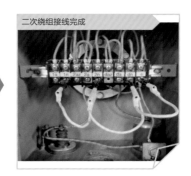

电容互感侧接线过程（1）

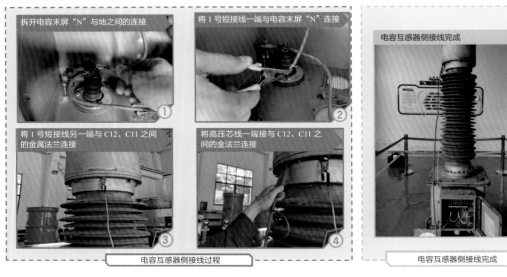

电容互感侧接线过程（2）

图 2.4-63

介质损耗测试仪侧接线过程如图 2.4-64 所示。

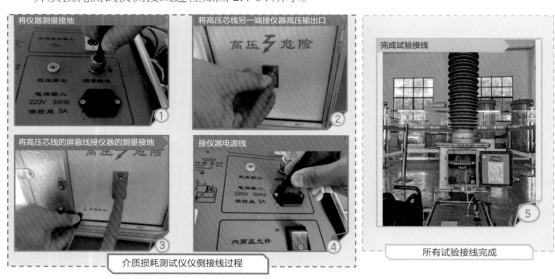

图 2.4-64

完整的接线可分为三个部分，分别为二次绕组侧接线、电容互感器一次绕组线侧接线及仪器侧接线。

4）测量中间变压器介损及电容量

试验接线完成后，应确保遮栏或围栏与试验设备高压部分应有足够的安全距离，并向外悬挂"止步，高压危险！"的标示牌。同时应确保操作人员及试验仪器与电力设备的高压部分保持足够的安全距离，试验装置的金属外壳应可靠接地，高压引线应尽量缩短，并采用专用的高压试验线，必要时用绝缘物支挂牢固。同时试验前，应通知所有人员离开被试设备，并取得试验负责人许可，方可加压，加压过程中应有人监护并呼唱。详细过程如图 2.4-65、图 2.4-66 所示。

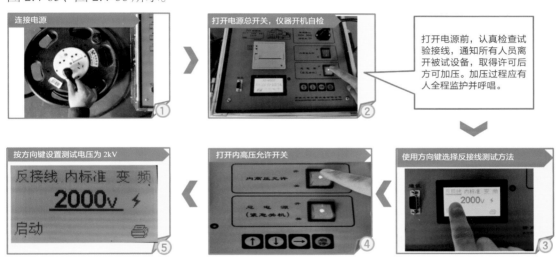

图 2.4-65

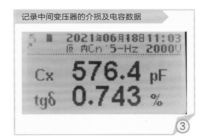

图 2.4-66

5）试验结束，恢复现场

试验结束后关闭仪器，恢复设备的初始状态，清理现场，如图 2.4-67 所示。

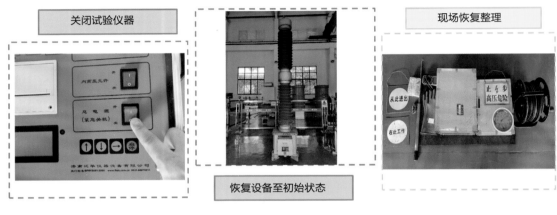

图 2.4-67

4. 测试流程

电闸变压器介损及电容量测试流程，如图 2.7-68 所示。

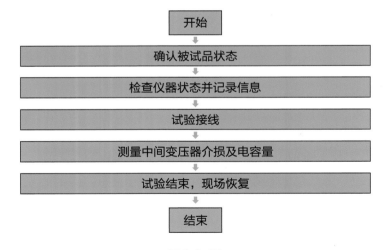

图 2.4-68

5. 小结

1）流程口诀

> 仪器设备先检查，
>
> 设备放电不可少，
>
> 试验接线须准确，
>
> 测试过程警惕高，
>
> 结果记录保质量。

2）可迁移知识点

（1）不同电压的等级的电容式电压互感器中间变压器加压不应超过 2500V。

（2）此测试方法适用于不同电压等级的 C12 和 C2 中间无引出点的电容式电压互感器。

（3）自动介损测试仪测试过程中按任意键则中断测试。

2.4.11 TYD-220/$\sqrt{3}$-0.01H 型电容式电压互感器绕组直流电阻测试

1. 安全危险点分析

开始试验前操作人员首先确认危险点，如图 2.4-1 所示。

2. 工器具准备

检查试验所用工器具是否已备齐，所需工器具如表 2.4-6 所示。

表 2.4-6

操作人员	2人	直流电阻测试仪	1台
安全围栏	若干	万用表	1个
放电棒	1根	绝缘垫	1张
工具箱	1个	绝缘手套	1副
温湿度计	1个	抹布	1块

3. 绕组直流电阻测试

1）认被试品状态

被试品在试验前应为检修状态，并且保证本体外观完好，瓷瓶无明显破损，二次接线也应标示清楚，方便接线，如图 2.4-57 所示。

2）检查仪器状态并记录信息

试验仪器应满足的需求主要有：试验仪器主机外观完好、测试线齐全且无断股，环境满足试验条件，最后记录被试品铭牌，主要包括厂家、生产日期等信息，便于下次试验进行对比分析，如图 2.4-69 所示。

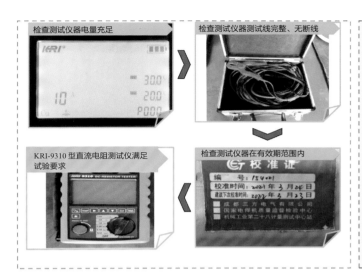

图 2.4-69

3）试验接线

组装试验仪器，并完成仪器侧接线。首先进行 1 号主二次绕组 1a、1n 的直流电阻值的测试。将非被试绕组的 n 端接地，然后拆开被试绕组与二次接线端子之间的连线，将红色和黑色夹子分别接 1a、1n，完成电压互感器侧接线，如图 2.4-70 所示。

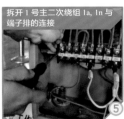

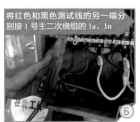

图 2.4-70

4）测量 1 号主二次绕组的直流电阻值

开机测试，根据被试绕组的阻值情况确定合适的测试电流挡位。测试前，使用方向键和温度调节键设置环境温度。加压方法为按住红色测试按钮，按下并旋转即可锁定加压。加压充电完成后显示该温度下的直流电阻值和折算至 20℃时的直流电阻值，测试完成后关闭仪器并放电，如图 2.4-71 所示。

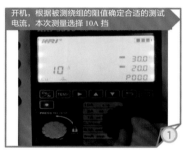
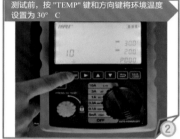
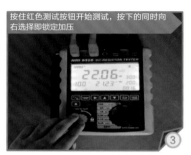

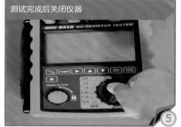

图 2.4-71

5）测量 2 号主二次绕组的直流电阻值

恢复 1a、1n 与二次端子之间的连接，并将 2 号主二次绕组 2a 与 1 号阻尼器 2az 之间的连接片断开，同时拆除 2n 与二次端子排之间的连接片。测试方法及流程同 1a、1n 直流电阻的测试方法，如图 2.4-72 所示。

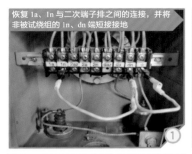

恢复 1a、1n 与二次端子排之间的连接，并将非被试绕组的 1n、dn 端短接接地

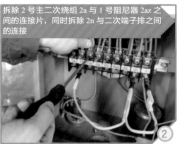

拆除 2 号主二次绕组 2a 与 1 号阻尼器 2az 之间的连接片，同时拆除 2n 与二次端子排之间的连接

将红色和黑色测试线的另一端分别接 2 号主二次绕组的 2a、2n

按住红色测试按钮开始测试，按下的同时向右选择即锁定加压

读取 2 号主二次绕组的直流电阻值并记录

测试完成后关闭仪器并放电

图 2.4-72

6）测量剩余电压绕组直流电阻值

恢复 2 号主二次绕组的接线方式，同时拆除剩余绕组 da 与 2 号阻尼器 daz 之间的连线、dn 与二次接线端子排之间的连接。测试方法及流程同测量 2 号主二次绕组的直流电阻值，区别点在于剩余绕组的阻值相对主二次绕组阻值偏大，测量时应选择 3A 电流挡，如图 2.4-73 所示。

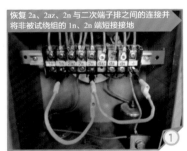

恢复 2a、2az、2n 与二次端子排之间的连接并将非被试绕组的 1n、2n 端短接接地

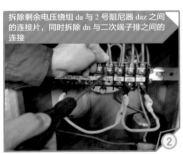

拆除剩余电压绕组 da 与 2 号阻尼器 daz 之间的连接片，同时拆除 dn 与二次端子排之间的连接

将红色和黑色测试线的另一端分别接剩余电压绕组的 da、dn

根据剩余电压绕组的阻值确定合适的测试电流，本次测量选择 3A 挡

按住红色测试按钮开始测试，按下的同时向右选择即锁定加压

读取剩余电压绕组直流电阻值并记录

图 2.4-73

7）试验结束，现场恢复

试验结束后，关闭试验仪器，拔掉电源，并对被试绕组充分放电，并将设备恢复至初始状态，完成现场的恢复整理，如图 2.4-74 所示。

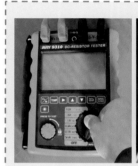

| 关闭试验仪器 | 对被试绕组放电 | 恢复设备至初始状态 | 现场恢复整理 |

图 2.4-74

4. 测试流程

电容式电压互感绕组直流电阻的测试流程如图 2.4-75 所示。

开始

确认被试品状态

检查仪器状态并记录信息

试验接线

测量 1 号主二次绕组的直流电阻值

测量 2 号主二次绕组的直流电阻值

测量剩余绕组的直流电阻值

试验结束，现场恢复

结束

图 2.4-75

5. 小结

1）流程口诀

准备工作要做好，

测试接线要记牢，

挡位匹配不能少，

原始资料要留存，

记录整理要严谨。

2）可迁移知识点

该 KRI-9310 型直流电阻测试仪不仅能进行电压互感器绕组直流电阻测试，还能进行：

（1）电流互感器绕组直流电阻测试。

（2）变压器绕组直流电阻测试。

（3）消弧线圈直流电阻。

（4）断路器分、合闸线圈直流电阻。

2.4.12 TYD-220/$\sqrt{3}$-0.01H 型电容式电压互感器变比测试

1. 安全危险点分析

开始试验前操作人员首先确认危险点，如图 2.4-1 所示。

2. 工器具准备

检查试验所用工器具是否已备齐，所需工器具如表 2.4-5 所示。

1）确认被试品状态

试验前检查电压互感器在检修状态，被试品本体外观完好，二次接线完好，标示清晰，瓷套表面清洁、无破损，安全措施已具备试验条件，如图 2.4-55 所示。

2）检查仪器状态并记录信息

试验仪器应满足的需求主要有：试验仪器主机外观完好、测试线齐全且无断股，环境满足试验条件，最后记录被试品铭牌，主要包括厂家、生产日期等信息，便于下次试验进行对比分析，如图 2.4-61。

3）试验接线

试验接线分为仪器侧和设备侧进行连接。设备侧应将电容器末端 N 端与中间变压器一次绕组末端接地，所有非被试绕组的 n 端接地。使用 Cx 芯线接 1 号主二次绕组的 1a1n，将高压芯线接到电压互感器的高压引线端子处，此时完成设备侧接线。

仪器侧接线首先进行仪器接地，将 Cx 芯线另一端接"试品输入 Cx 端"，将高压芯线另一端接仪器高压输出口，同时将高压芯线的屏蔽线接测量接地端，最后连接电源线，所有接线完成，如图 2.4-76 所示。

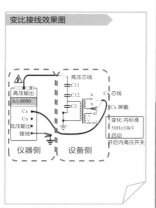

变比接线效果图

将 Cx 芯线的一端接二次绕组的 1a1n
红色夹子夹 1a，黑色夹子夹 1n

检查电容器末屏 N 端与中间变
压器一次绕组末端均已接地

将高压芯线一端接到电压互感
器高压引线端子

将非被测绕组的 n 端短接接地

设备侧接线完成

将测试仪接地

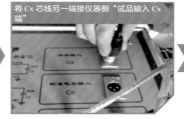

将 Cx 芯线另一端接仪器侧"试品输入 Cx
端"

将高压芯线另一端接仪器高压输出口

仪器侧接线完成

接仪器电源线

将高压芯线的屏蔽线接仪器的测量接地

图 2.4-76

4）测量互感器 1 号主二次绕组变化

检查所有接线正确，拆除放电棒，通知所有人员离开被试设备和加压部分，并有专人监护，取得许可后方可加压，加压过程中应全程监护并呼唱。打开电源总开关，使用方向键选择"变化"，打开内高压允许开关，设备测试电压为 10kV，使用内标准和变频测量。参数设置完成后，试验人员站在绝缘垫上长按"启停"键，开始自动加压，出现异常时立即按下"停止"键，关闭仪器电源，充分放电后查找原因。测试结束后关闭内高压允许开关，记录变化试验数据，如图 2.4-77 所示。

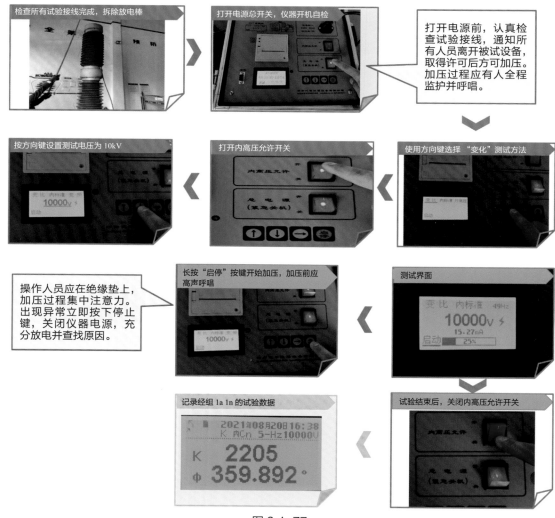

图 2.4-77

5）测量电容式电压互感器剩余绕组变化

测试方法同测量互感器 1 号主二次组绕变化，测试剩余绕组 da、dn 的变化，如图 2.4-78 所示。

操作人员应在绝缘垫上，加压过程集中注意力。出现异常立即按下停止键，关闭仪器电源，充分放电并查找原因。

将非被测绕组 1n、2n 短接接地

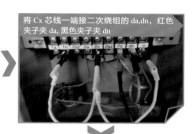

将 Cx 芯线一端接二次绕组的 da,dn，红色夹子夹 da, 黑色夹子夹 dn

记录剩余绕组 dadn 的变化试验数据

试验结束后，关闭内高压允许开关

测试界面

图 2.4-78

6）试验结束，现场恢复

试验结束后，关闭试验仪器，恢复设备至初始状态，并整理现场设备，如图 2.4-79 所示。

关闭试验仪器	恢复设备至初始状态	现场恢复整理

图 2.4-79

3. 测试流程

电容式电压互感器变化如图 2.4-80 所示。

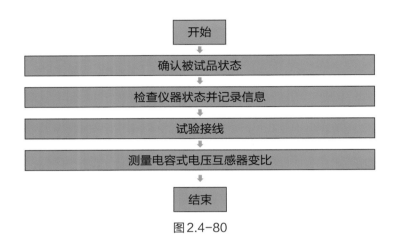

图2.4-80

4. 小结

1）流程口诀

仪器设备先检查，

设备放电不可少，

试验接线须准确，

测试过程警惕高，

结果记录保质量。

2）可迁移知识点

（1）电容式电压互感器测量绕组和计量绕组变比不同。

（2）自动介损测试仪测试过程中按任意键则中断测试。

2.4.13　TYD-220/√3-0.01H 型电容式电压互感器阻尼装置直流电阻测试

1. 安全危险点分析

开始试验前操作人员首先确认危险点，如图 2.4-1 所示。

2. 工器具准备

检查试验所用工器具是否已备齐，所需工器具如表 2.4-6 所示。

3. 阻尼装置直流电阻测试步骤

1）确认被试品状态

试验前检查电压互感器在检修状态，被试品本体外观完好，二次接线完好，标示清晰，瓷套表面清洁、无破损，安全措施已具备试验条件，如图 2.4-55 所示。

2）检查仪器状态并记录信息

试验仪器应满足的需求主要有：试验仪器主机外观完好、测试线齐全且无断股，环境满足试验条件，最后记录被试品铭牌，主要包括厂家、生产日期等信息，便于下次试验进行对比分析，如图 2.4-81 所示。

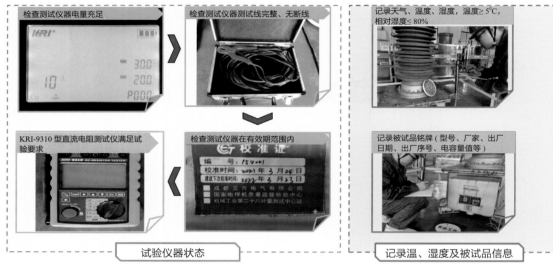

图 2.4-81

3）试验接线

阻尼装置共分为 1 号阻尼器和 2 号阻尼器，测试相应的阻尼装置直流电阻时需将阻尼装置与相应主二次绕组之间的连线拆除。如测试 1 号阻尼装置直流电阻时，需拆除 2 号主二次绕组 2a 与 1 号阻尼器 2az 之间的短接线，并拆除 2n 与端子排之间的连线，将红、黑线夹分别接至 2az 与 2n，如图 2.4-82 所示。2 号阻尼装置测试方法同理。

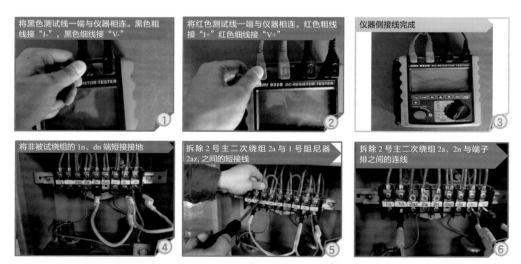

图 2.4-82

4）测量 1 号阻尼装置的直流电阻

完成测试接线，在监护人的监护下开始测试，选择合适的测试电流挡位，设置环境温度，开始加压，并读取数据，如图 2.4-83 所示。

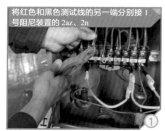
将红色和黑色测试线的另一端分别接 1 号阻尼装置的 2az、2n

开机，根据二次测量绕组的阻值确定合适的测试电流，本次测量选择 3A 挡

测量 1 号阻尼装置直流电阻接线完成

读取 1 号阻尼装置的直流电阻值并记录

按住红色测试按钮开始测试，按下的同时向右选择即锁定加压

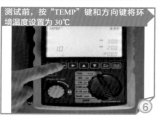
测试前，按"TEMP"键和方向键将环境温度设置为 30℃

图 2.4-83

5）测量 2 号阻尼装置的直流电阻

测试方法同 1 号阻尼装置直流电阻测试，2 号阻尼装置的阻值不同于 1 号阻尼装置，因此，测试时需调整电流挡位，详细流程，如图 2.4-84 所示。

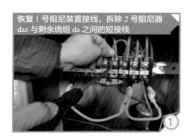
恢复 1 号阻尼装置接线，拆除 2 号阻尼器 daz 与剩余绕组 da 之间的短接线

拆开剩余绕组 da、dn 与端子排的连线

测量 2 号阻尼装置直流电阻接线完成

读取 2 号阻尼装置的直流电阻值并记录

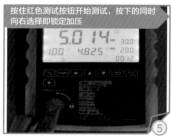
按住红色测试按钮开始测试，按下的同时向右选择即锁定加压

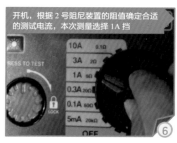
开机，根据 2 号阻尼装置的阻值确定合适的测试电流，本次测量选择 1A 挡

图 2.4-84

6）试验结束，现场恢复

试验结束后，关闭试验仪器，并对被试绕组放电，并恢复被试设备和测试仪器至初始状态如图 2.4-85 所示。

| 关闭试验仪器 | 对被试绕组放电 | 恢复设备至初始状态 | 现场恢复整理 |

图 2.4-85

4. 测试流程

电容式电压互感器阻尼装置直流电阻的测试流程如图 2.4-86 所示。

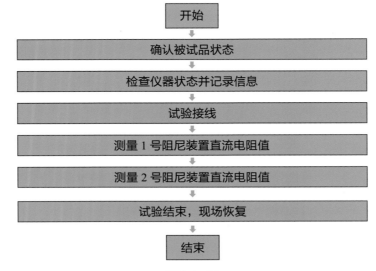

开始

确认被试品状态

检查仪器状态并记录信息

试验接线

测量 1 号阻尼装置直流电阻值

测量 2 号阻尼装置直流电阻值

试验结束，现场恢复

结束

图 2.4-86

2.4.14　TYD-220/√3-0.01H 型电容式电压互感器微水及油耐压试验

1. 电压互感器油样采集

1）任务描述

从 TYD-220/√3-0.01H 型电容式电压互感器上采集油样的过程中，所需要的注意的事项。

2）引用标准

DL/T 1251-2013《电力用电容式电压互感器使用技术规范》。

DL/T 246-2006《化学监督导则》。

DL/T 1694.4-2017《高压测试仪器及设备校准规范第 4 部分：绝缘油耐压测试仪》。

DL/T 722-2014《变压器油中溶解气体分析和判断导则》。

DL/T 1690-2017《电流互感器状态评价导则》。

DL/T 1691-2017《电流互感器状态检修导则》。

DL/T 7597-2007《电力用油（变压器油、汽轮机油）取样方法》。

DL/T 7600-2014《运行中变压器油和汽轮机油水分含量测定法（库伦法）》。

GB-T 507-2002《绝缘油击穿电压测定法》。

2. 电压互感器油样采集要点分解

电压互感器油样采集要点分解如图 2.4-87 所示。

1 危险点注意事项

2 准备工作注意事项

3 常规分析取样的注意事项

4 微水和油中溶解气体取样的注意事项

图 2.4-87

1）危险点注意事项

在进行现场工作之前，需要对现场进行勘察，且在工作进行过程中，人员和带电设备之间应保持足够安全距离，若设备取油部位较高，应做好相应登高安全措施，且保持全程监护，如图 2.4-88 所示。

图 2.4-88

在工作结束后应清扫现场，将现场所用工器具、取油工具等放回原处，保持现场清洁，如图 2.4-89 所示。

图 2.4-89

2）准备工作注意事项

（1）取样瓶准备

油样的耐压试验需要用 500~1000mL 磨口具塞玻璃瓶进行取样，取样瓶需在使用前进行清洗和烘干。图片案例中使用的是超声波清洗机，也可根据现场实际情况采取其他措施对玻璃器皿进行清洗和烘干，如图 2.4-90 所示。

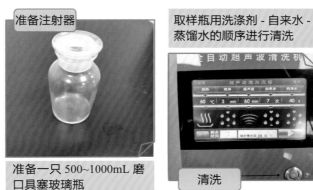

图 2.4-90

（2）注射器准备

油样的微水试验和色谱试验需要用 100mL 玻璃注射器进行取样，注射器和磨砂玻璃瓶一样，需在使用前进行清洗和烘干。但除此之外，还应在清洗之前检查注射器的气密性是否良好、玻璃芯塞能否正常滑动，防止泄入空气或芯塞卡涩对试验结果造成影响，并用小胶帽盖住注射器头部，置于专用密封箱内，且避光、避震、防潮，如图 2.4-91、图 2.4-92 所示。

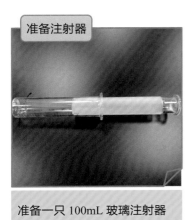
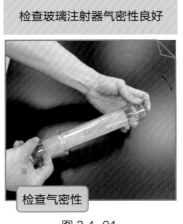

图 2.4-91

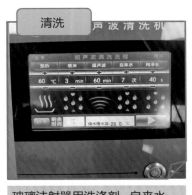

图 2.4-92

3）常规分析取样的注意事项

在取样之前，需用干净棉纱或纱布将取油口擦拭干净，防止污渍污染油样，且在收集油样前要将死油排放干净，防止死油干扰试验结果。在取样过程中，所有排出未收集的油样，都应统一收集在废油桶中，禁止随意排放，如图 2.4-93 所示。

图 2.4-93

4）微水和油中溶解气体取样的注意事项

取样过程中，需要注意的是：取样尽量在晴天进行，防止空气中饱含水分对取样造成影响，且过程中应保持油样完全密封，和空气不接触。取样要使用微正压法进行，禁止用手抽出内芯，取样结束后要检查内芯有无卡涩，油样内有无气泡（有气泡应排除）。若采集油样过多，应在采集之前给采样注射器贴上标签，避免样品放置混乱，如图 2.4-94 所示。

密封

取样过程保证密封

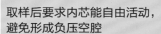
取样后要求内芯能自由活动，避免形成负压空腔

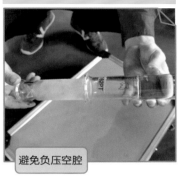

避免负压空腔

晴天取样

取样应尽量在晴天进行

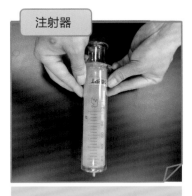

注射器

玻璃注射器应贴有标签

取样过程中，应用油本身的压力使油注入注射器，禁止用手抽动内芯

注油

避免气泡出现

用小胶帽盖住注射器头部时，注意避免注射器里有气泡出现

图 2.4-94

3.TYD-220/√3-0.01H 型电容式电压互感器油样采集注意事项

1）危险点注意事项

（1）防人身安全事故：现场人员和带电设备之间应保持足够的安全距离，加强监护，正确穿戴安全带和登高绳，防高处坠落。

（2）工作结束之后清扫现场。

2）准备工作注意事项

（1）取样瓶准备：准备一只 500～1000mL 磨口具塞试剂瓶，取样瓶用洗涤剂 - 自来水 - 蒸馏水的顺序进行清洗。

（2）注射器的准备：准备一只 100mL 玻璃注射器，检查气密性，检查内塞无卡涩可自由滑动，并用洗涤剂 - 自来水 - 蒸馏水的顺序进行清洗，然后把玻璃注射器放在 105℃的烘箱里充分干燥。烘干后立即用小胶帽盖住注射器头部，置于专用注射器密封箱内，且避光、避震、防潮。

3）常规分析取样的注意事项

（1）应从下部取样阀取样。

（2）取样前应用棉纱或纱布将取油处擦干净。

（3）取样前要接上耐油胶管排出死油。

（4）取样过程中所有排出的油都应该排进废油桶。

（5）耐压试验的取样瓶宜用棕色玻璃瓶。若使用透明玻璃瓶，在取样后则应避光保存。

4）微水和油中溶解气体取样的注意事项

取样过程要保证密封，取样后要求内芯能自由活动，避免形成负压空腔，取样应尽量在晴天进行；取样时应先排净取样接头和放油管里的死油，取样时利用油本身的压力使油注入注射器，禁止用手抽动内芯，用小胶冒盖住注射器头部之后，注射器里不能存在气泡，针管上还应该贴标签。

4. 小结

1）可迁移知识点

若在油桶中取样，可用洗净烘干的直径约 2cm 的玻璃管进行。

取样前，先将油桶摇动，使油混合均匀，然后开启桶盖，将玻璃管插入油桶中后，在用拇指压紧玻璃管子的上口，提出玻璃管子，将油注入瓶中。如此的反复数次，直至取够油样为止。

2）区别知识点

在电气设备中取样时，应该在设备下部的放油阀处进行，用清洁且不带毛的细布将放油阀的四周擦净，然后先将油放出 1-2kg，用以冲洗放油道的油污，再放油少许，洗涤取样容器两次，最后放出需要的油量入瓶，塞紧瓶口。

2.4.15 TYD-220/√3-0.01H 型电容式电压互感器油样采集

1. 安全危险点分析

开始实验前，操作人员先确认危险点，如图 2.4-95 所示。

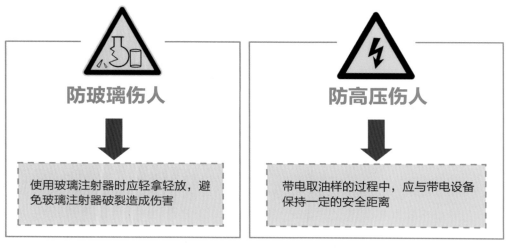

图 2.4-95

2. 工器具准备

检查试验所用工具是否备齐，所需工器具，如表 2.4-7 所示。

表 2.4-7

操作人员	2 人	100mL 玻璃注射器	1 只
温湿度计	1 个	油样专用密封箱	1 个
大气压力表	1 个	棉纱或棉布	若干
三通阀	1 个	胶帽	若干
耐油胶软管（一大一小）	2 根	废油桶 / 废油杯	1 个

3. 电容式电压互感器油样采集步骤

1）取样前准备

在取样前需进行相关的准备工作，抄录现场温湿度和大气压力值，准备需要用到的工器具，以及勘察现场布置相关安措等，如图 2.4-96 所示。

抄录现场温湿度和大气压力

玻璃注射器贴上标签

准备好取样用的三通阀

现场安措布置妥当

准备好放置废油的废油桶

图 2.4-96

2）取样口擦拭和连接

在取样前应用干净干燥的棉纱分别擦拭干净取样口外盖和取样口，并用干净干燥软管和三通阀连接取油口，形成取油通路，如图 2.4-97 所示。

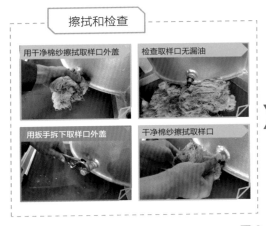

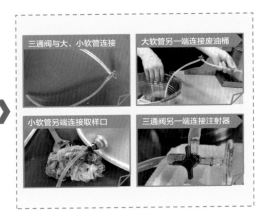

擦拭和检查

用干净棉纱擦拭取样口外盖　检查取样口无漏油

用扳手拆下取样口外盖　干净棉纱擦拭取样口

三通阀与大、小软管连接　大软管另一端连接废油桶

小软管另一端连接取样口　三通阀另一端连接注射器

图 2.4-97

3）注射器内壁润洗

CVT 在取样之前应先排出内部的死油，注射器应该用待测油样进行润洗，保证内芯灵活转动，润洗范围应为注射器的刻度范围。在取样时，应使用微正压法进行取样，禁止手动抽动注射器内芯。在排出润洗所用油样之时，应尽量排出注射器内的空气。详细过程如图 2.4-98、图 2.4-99 所示。

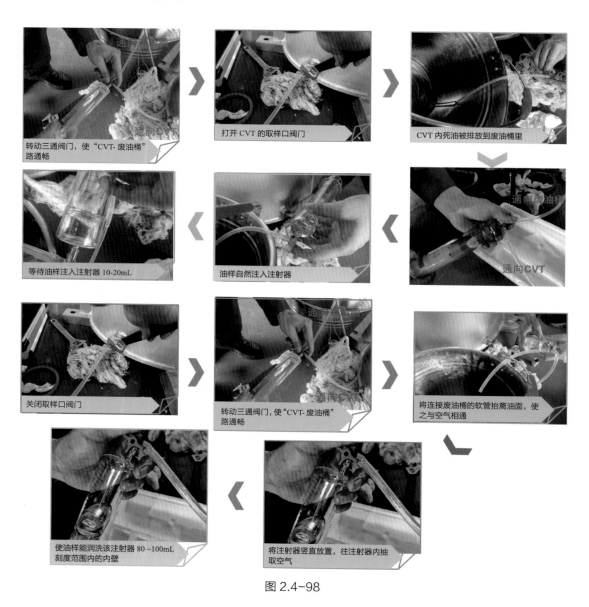

图 2.4-98

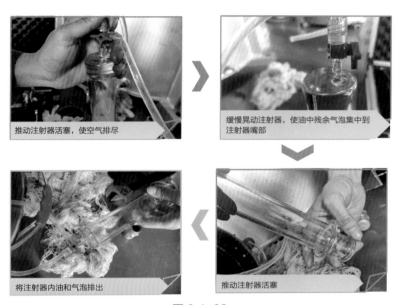

图 2.4-99

4）注射器清洗和油封

润洗之后应用油样清洗注射器一至两次，同时排出注射器内的所有空气。详细过程如图 2.4-100 所示。

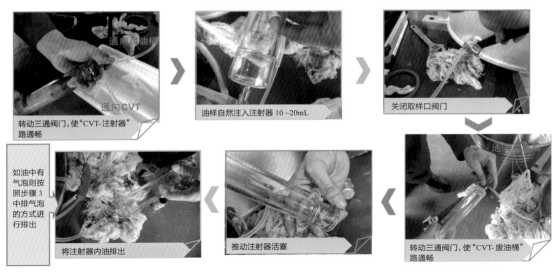

图 2.4-100

5）取油样

取 80 ~100mL 油样，在取完对注射器盖上胶帽时，油样将胶帽填满，就可避免注射器内进入空气。在取完油样后需要擦拭尽取样口的残油，盖上取样口外盖。详细过程如图 2.4-101 所示。

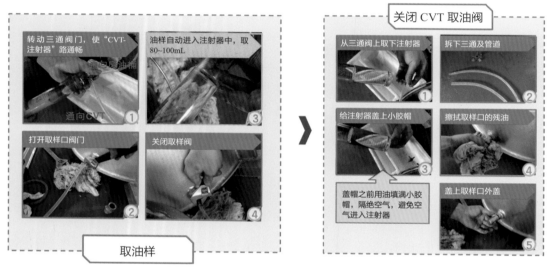

图 2.4-101

6）收尾工作

取完油样后应对油样进行仔细检查，统一存放入专用密封箱，还应清扫现场，整理工器具，如图 2.4-102 所示。

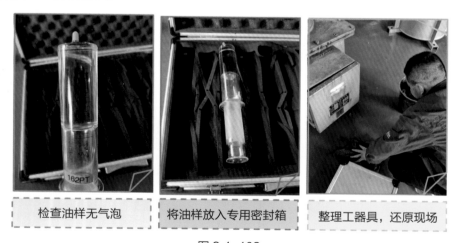

图 2.4-102

4. 测试流程

电容式电压感器油样采集流程如图 2.4-103 所示。

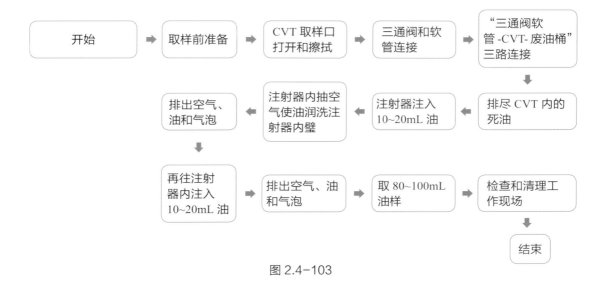

图 2.4-103

5. 小结

1）流程口诀

取样检查工器具，

擦拭取样口干净。

三通连接需可靠，

取样完成需打扫。

2）可迁移知识点

油样应能代表设备本体油，应避免在油循环不够充分的死角处取样。一般应从设备底部的取样阀取样，在特殊情况下可在不同取样部位取样。

2.4.16 TYD-220/√3-0.01H 型电容式电压互感器微水试验

1. 安全危险点分析

开始实验前，操作人员先确认危险点，如图 2.4-104 所示。

图 2.4-104

2. 工器具准备

检查试验所用工具是否备齐，所需工器具如表 2.4-8 所示。

表 2.4-8

操作人员	2 人	无毛纸	若干
微水测试仪	1 台	高真空硅脂	1 盒
卡尔费休试剂 （阴极电解液、阳极电解液）	1 套	油样	若干
手套	1 副	微水测试仪测试口用硅胶垫	若干
搅拌子	1 副	废油桶 / 废油杯	1 个
吸水变色硅胶	1 个	带通风装置的橱窗或工作台	1 个

3.电容式电压互感器微水试验步骤

1）准备工作

微水试验应在通风橱或其他通风设施内完成，若长久未用应该重新添加电解液，电解液为卡尔费休试剂，该试剂有毒，试验时应戴手套，做好防护措施。

电解池进样口变色硅胶视情况进行更换，更换后应用高真空硅脂对塞口进行密封，旋紧旋钮塞，防止空气中的水分进入，对试验过程造成影响。准备工作的详细过程如图2.4-105所示。

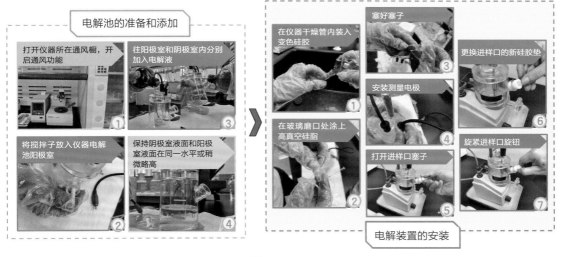

图 2.4-105

2）开机

开机前对各电极进行连接，开机后进入过水程序，调节搅拌子的速度，等待过水结束后方可进行测试。若过水程序失败，难以达到滴定终点，则可能应该是电解池周围壁上有残留水分，此时应关闭搅拌器，停止过水程序，将电解池取下摇晃数次，再次重新开始过水。如果反复多次还是无法达到滴定终点，则应该更换新的电解液。若电解液过量，则用微量注射器加入适量纯水，让电解液颜色变浅为黄色，再过水即可。详细过程如图2.4-106所示。

图 2.4-106

3）进样检测

微水所用油样应从全密封注射器中取得，用 1cc 注射器取油时，应用油样清洗注射器不少于三次，且排出内部气泡。

在按下仪器启动键后再进样，且在取样、进样时，动作应快，测试人员避免正对注射器针头呼吸，防止带入水分。仪器自动检测完成后，应再进样测试一次，若两次测量数据相差过大，则应该重新测试，如图 2.4-107 所示。

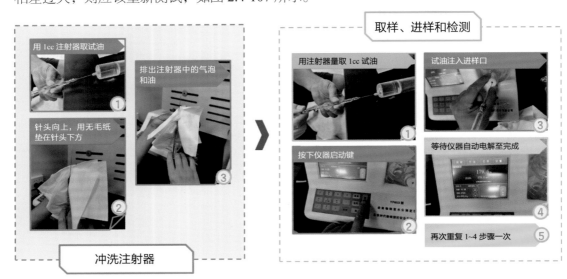

图 2.4-107

4）关机与清理检查

在完成测试后，应关闭仪器搅拌功能再关机，且应保持橱窗和室内通风 15 分钟后再关闭橱窗，如图 2.4-108 所示。

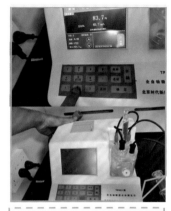
关闭仪器搅拌功能和电源

橱窗通风 15 分钟

整理工器台面

图 2.4-108

4. 测试流程

电容式电压互感器微水试验的流程，如图 2.4-109 所示。

开始 ➡ 电解池的准备和添加 ➡ 电解装置的安装 ➡ 仪器开机 ⬇

正式的取样、进样和检测 ⬅ 用待测试样清洗注射器 ⬅ 等待电解液过水完成 ⬅ 仪器选择合适的搅拌速度

仪器关机，清理桌面 ➡ 结束

图 2.4-109

5. 小结

1）流程口诀

化学药品有毒性，开窗通风须谨记。

阴极阳极加试剂，加完液面要持平。

更换硅胶和胶垫，仪器内有密封性。

样品只需 1cc，结束试验要整理。

2）可迁移知识点

水是极性物质，水分对绝缘油的电性能和理化性能均有很大的危害。主要影响是使固体绝缘遭到永久的破坏，另外加速设备金属部件腐蚀速度并且助长有机酸的腐蚀能力。油中水含量愈多，则设备金属部件腐蚀速度就愈快，它将影响设备的安全运行，并缩短设备的使用寿命。故测试绝缘油中微水含量的目的是监督固体绝缘材料的受潮情况。

2.4.17　TYD-220/ √ 3-0.01H 型电容式电压互感器油耐压试验

1. 危险点分析

开始实验前，操作人员先确认危险点，如图 2.4-110 所示。

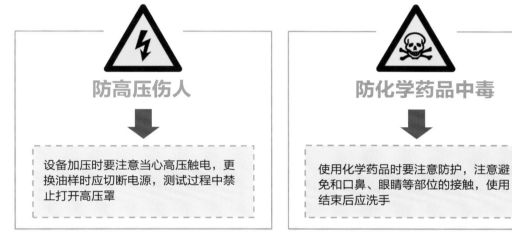

图 2.4-110

2. 工器具准备

检查试验所用工具是否备齐，所需工器具，如表 2.4-9 所示。

表 2.4-9

操作人员	1 人	磨口具塞玻璃瓶	若干
JKJQ-3 绝缘油击穿电压（介电强度）测试仪	1 台	丙酮（分析纯）	1 瓶
测试仪专用油杯	1 只	石油醚（分析纯）	1 个
玻璃棒 / 不锈钢棒	1 根	废油桶 / 废油杯	1 个
吸油纸	若干	细纱布	若干

3. 步骤

1）电极的清洗和处理

新电极、有凹痕的电极或未按照正确方式存放的电极进行此步骤，保存完好的电极则可跳过此步骤。电极清洗结束后应重新调整极间距，用待测试样进行清洗，且应升压击穿油样 24 次，升压击穿步骤可按照以后的步骤顺序进行，但不必计入其结果。保存完好的电极不进行清洗，但若重新安装过，也需要调整极间距。详细过程如图 2.4-111 所示。

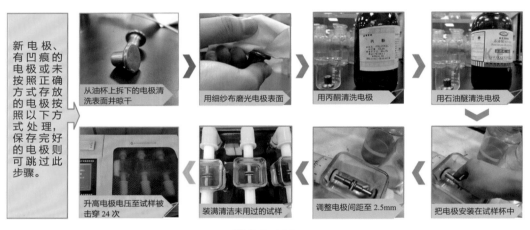

图 2.4-111

2）油杯的清洗和处理

为防止电极氧化，油杯未用时一般都储存有油样，但正式测试时应倒出油样，用待测试样进行清洗 2~3 次。在清洗时，应淋洗电极和杯壁。详细过程如图 2.4-112 所示。

图 2.4-112

3）待测试样注入油杯

在待测试样注入油杯时，应将试样摇匀，注入油杯的油样应没过电极 20mm，倒入过程中应避免产生气泡。然后盖上高压罩，如图 2.4-113 所示。

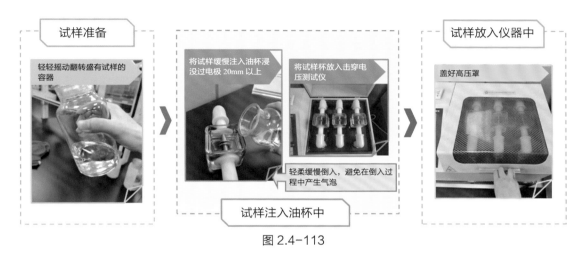

图 2.4-113

4）仪器加压操作

在正式通电前应对仪器接地进行检查，然后开机，进入系统参数界面进行调试，按照以上说明进行调整。然后点击进入开始试验，后续的测试过程均由仪器自动完成。同一油样应升压六次，在升压过程中勿太过接近仪器，禁止加压过程中打开高压罩。详情过程如图 2.4-114、图 2.4-115 所示。

图 2.4-114

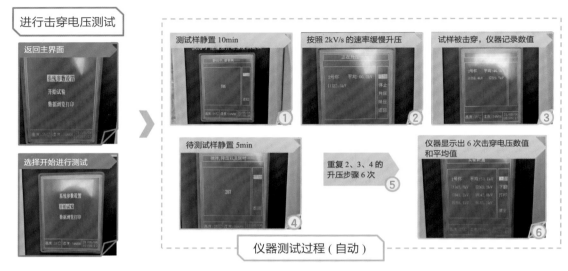

图 2.4-115

5）清理检查与记录

打开高压罩之前应断开电源，用玻璃棒或不锈钢棒在电极之间拨弄数次以去除游离碳，然后将干净油样充入油杯中，没过电极，再将油杯放置保存，如图 2.4-116 所示。

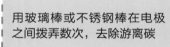

图 2.4-116

工作结束后应清理台面，填写试验记录。最终的耐压值应为以上六次加压得出结果的平均值，若六次数值中有相差过大，则应作为无效值，或重新进行测试，如图 2.4-117 所示。

清理工作台面

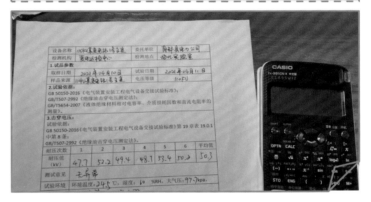

记录 6 次击穿电压值，同时还应记录试验环境条件、日期、试验仪器型号、电极类型等，并计算 6 次击穿电压平均值作为试验结果

图 2.4-117

4. 绝缘油击穿电压的测定方法

绝缘油击穿电压的测定方法的流程如图 2.4-118 所示。

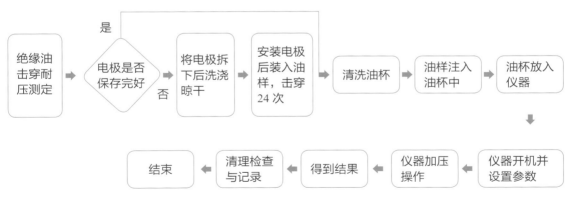

图 2.4-118

5. 小结

1）流程口诀

电极油杯要清洗，

摇晃试样浸电极。

盖上盖子再加压，

六次结果算平均。

2）可迁移知识点

用不同形状的电极（球形电极、半球电极和平板电极）来测定同样的油样，以上三种电极的测定结果是不同的。球形电极的测定结果最高，半球形电极为其次，平板电极的测定结果最低。

第 3 部分
试验结果分析及案例

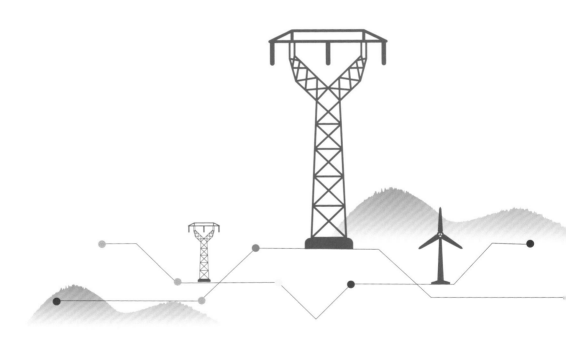

3.1　TYD-220√3-0.01H 型电容式电压互感器绝缘电阻测试结果分析

1. 测试结果分析

1）任务描述

对 TYD-220/√3-0.01H 型电容式电压互感器进行绝缘电阻测试后，对测试结果进行分析。

2）引用标准

（1）《国家电网公司变电检测管理规定》。

（2）QGDW1168-2013《输变电设备状态检修试验规程》。

2. 电容式电压互感器绝缘电阻测量标准要求

电容式电压互感器绝缘电阻测量标准要求，如图 3.1-1 所示。

规程规定

电容式电压互感器	电容器极间绝缘电阻	≥ 10000MΩ（1000kV）（注意值） ≥ 5000MΩ（其他）（注意值）	《国家电网公司变电检测管理规定》
	低压端对地绝缘电阻	不低于 100MΩ	
	二次绕组绝缘电阻	≥ 1000MΩ（1000kV）（注意值） ≥ 10MΩ（其他）（注意值）	
	中压变压器的绝缘电阻	1) 一次绕组对二次绕组及地应大于 1000MΩ 2) 二次绕组之间及地应大于 10MΩ	
分压电容器试验	110（66）kV 及以上：3 年	极间绝缘电阻 ≥ 5000MΩ（注意值）	QGDW1168-2013《输变电设备状态检修试验规程》
二次绕组绝缘电阻	110（66）kV 及以上：3 年	≥ 10MΩ（注意值）	

图 3.1-1

3. 结果影响因素

1）测试结果影响因素分析要点

电容式电压互感器的绝缘电阻测量结果影响因素包括温度、速度和表面脏污、残余电荷等，如图 3.1-2 所示。

1 温度的影响

2 湿度和表面脏污的影响

3 残余电荷的影响

图 3.1-2

2）测试结果影响因素分析

电容式电压互感器的绝缘电阻测量结果影响因素要点分解，如图 3.1-3、3.1-4、3.1-5 所示。

（1）测试温度

外部因素

测试时的温度不同

原因分析：
电容式电压互感器绝缘电阻随着温度而变化，一般情况下，绝缘电阻随温度升高而降低。

处理方法：
应尽量在相同或相近温度进行测量，温度差别大应进行温度换算。

图 3.1-3

（2）环境湿度及表面脏污

外部因素

环境湿度大，电压互感器瓷套或二次端子脏污受潮

原因分析：
环境湿度大，空气污染；二次接线盒密封不良，日晒雨淋，导致二次出线端子脏污受潮。

处理方法：
尽量选择空气干燥条件进行测量，可用无水乙醇浸湿的海绵或脱脂棉将表面擦拭干净。

图 3.1-4

（3）残余电荷

外部因素

电容式电压互感器运行中的残余电荷或试验中形成的残余电荷

原因分析：
残余电荷会造成绝缘电阻偏大或偏小，引起绝缘电阻不准确。

处理方法：
为消除残余电荷的影响，测量绝缘电阻前必须充分放电，重复测量前也必须充分放电。

图 3.1-5

4. 案例分析及要点总结

1）案例分析

实例描述、原因分析及解决方案，如图 3.1-6 所示。

外部因素

某变电站一线路 CVT 设备预试发现电容单元的绝缘电阻和介质损耗测试三相均正常，但测试三相 N 端子及中间变压器二次绕组绝缘电阻时发现 B 相 N 端子及二次绕组绝缘电阻异常

原因分析：
采用排除法确定准确原因。1. 用干棉纱擦试端子板后用兆欧表测其对地的绝缘电阻值 > 5000MΩ，再测二次对地的绝缘电阻值依然为 0.5MΩ，说明端子板绝缘状况不是引起二次绝缘低的主因。2. 测试中间变压器一次绕组绝缘情况，N 端悬空，用绝缘电阻表测得结果为 0。再施加 1.8kV 电压进行介损测试，发现 B 相中间变压器的 $\tan\delta$ 达 37.9%，而 Cx 值接近其他两相的 5 倍。因试验过程中电压可反复施加，表明故障不属于击穿类型，因此可证实 B 相中间变压器的绝缘已严重受潮。经过检修人员仔细查找，发现电磁单元上盖有四颗螺丝松动，造成油箱密封不良进水。

图 3.1-6

2）要点总结

测试结果的影响因素，如图 3.1-7 所示。

影响因素

1. 温度
2. 环境温度和表面脏污
3. 残余电荷

图 3.1-7

5. 小结

1）可迁移知识点

TYD-220/$\sqrt{3}$-0.01H 型电容式电压互感器绝缘电阻测试结果分析可用于其他型号等级电容式电压互感器设备绝缘电阻测试结果分析

2）区别知识点

不同种类电气设备、不同电压等级设备的绝缘电阻数据应该依照相应的标准具体分析。

3.2　TYD-220/$\sqrt{3}$-0.01H 型电容式电压互感器介损及电容量测试结果分析

1. 测试结果分析

1）任务描述

在 TYD-220/$\sqrt{3}$-0.01 H 型电容式电压互感器进行介损及电容量测试后，对试验结果及其影响因素进行分析。

2）引用标准

（1）GB 50150-2016《电气装置安装 工程电气设备交接试验标准》。

（2）QGDW1168-2013《输变电设备状态检修试验规程》。

（3）《国家电网公司变电检测管理规定》。

2. 220kV 电容式电压互感器介损及电容量标准要求

220kV 电容式电压互感器介损及电容量标准要求，如图 3.2-1 所示。

规程规定

CVT 电容分压器电容量与额定电容值比较不宜过 -5%~10%，介质损耗因数不应大于 0.2%	GB 50150-2016《电气装置安装工程电气设备交接试验标准》
CVT 电容分压器电容量初值差不超过 ±2%（警示值）介质损耗因数：≤ 0.005（油纸绝缘）（注意值）≤ 0.0025（膜纸绝缘）（注意值）	QGDW1168-2013《输变电设备状态检修试验规程》
电容量：初值差不超过 ±2%（警示值），一相中任两节实测电容值差不应超过 5%； 介质损耗因数：≤ 0.005（油纸绝缘）（注意值）≤ 0.002（膜纸复合）1000kV)≤ 0.0025（膜纸复合）（其它）（注意值）	《国家电网公司变电检测管理规定》

图 3.2-1

3. 结果影响因素

1）测试结果影响因素要点

电容分压器电容量的测量结果主要受分流支路和电容器元件本身的影响。电容分压器介损测量结果主要受环境因素，接线方式，杂质或膜纸比例，中间变压器的影响，如图 3.2-2 所示。

图 3.2-2

2）测量结果外部影响因素

影响测量结果的外部因素要点分解，如图 3.2-3、3.2-4、3.2-5 所示。

（1）高压引线接触不良

外部因素

现场测量使用挂钩连接被试品时，若挂钩接触不良会导致测量数据不准确

作用原理：
现场测量使用挂钩连接试品时，若挂钩接触不良，相当于在被试品与测试线之间串联了附加电阻，会导致测量数据不准确。

影响趋势：
高压引线接触不良会导致介损异常增大。

图 3.2-3

（2）环境影响

外部因素

环境温度和湿度均会影响介损测量

作用原理：
1. 环境温度会影响介损，规程规定测试时环境温度不宜低于 5℃。
2. 环境湿度过大，会影响测量结果，规程规定环境相对湿度不宜大于 80%。

影响趋势：
1. 瓷套表面或二次接线板受潮，会使介损增加，导致介损测量结果偏大。
2. 在常温下，温度越高，介损测量结果越大，但变化不明显，故一般不进行温度换算。

图 3.2-4

（3）测量方法、外部电磁场及泄露电流

外部因素

不同测量方法会使测量结果产生差异；外部电磁场及表面泄露电流会对测量结果产生影响

作用原理：
1. 不同的测量方法会导致测量结果有差异。
2. 外部电磁场及表现泄露电流会影响测量结果。

影响趋势：
1. 条件允许的情况下，正接法测量 C11 会比反接法更准确。
2. 被试品周围存在电磁场或脏污、潮湿会使测量结果不准确，为消除影响可采取屏蔽措施，但屏蔽措施会改变电场分布，存在一定争议，故尽量在表面干燥和远离电磁场的条件下进行测量。

图 3.2-5

3）测量结果内部影响因素

影响测量结果的外部因素要点分解，如图 3.2-6、3.2-7、3.2-8 所示。

（1）绝缘介质存在杂质及水分

内部因素	
绝缘介质存在杂质和水分	作用原理： 绝缘介质中存在杂质或水分，会影响介质损耗。
	影响趋势： 绝缘介质中存在杂质或水分，会使介损增加，导致介损测量结果偏大。

图 3.2-6

（2）电容元件击穿

内部因素	
电容元件击穿	作用原理： 电容单元是由多个电容元件串联而成，每个电容元件的绝缘性能存在差别，且形成电容的薄膜材料存在薄弱点，击穿后会影响整体电容。
	影响趋势： 串联部分的电容元件击穿，导致电容量测量结果偏大。

图 3.2-7

（3）中间变压器影响

内部因素	
正接法测量时，中间变压器等效阻抗的电流会对测量结果产生影响	作用原理： 中间变压器对地等效阻抗会改变测量电流的相位和大小，导致结果偏大或者偏小。
	影响趋势： 通常中间变压器等效阻抗呈容性，且介损大于电容分压器的介损，会导致介损测量结果偏小，甚至为负值，电容量测量结果偏小。通常采取二次绕组短路的方法可得到较为准确的结果。

图 3.2-8

4. 案例分析及要点总结

1）案例分析

实例描述、原因分析及解决方案，如图 3.2-9 所示。

案例描述

某变电站的一台 TYD-220/$\sqrt{3}$-0.01H 型电容式电压互感器，在 2021 年测得主电容的 $\tan\delta$ 为 0.162%，电容量与历年相同；分压电容的 $\tan\delta$ 却达到了 0.296%，C2 的末端绝缘电阻只有 800MΩ。而 2020 年测得的 $\tan\delta$ 却只有 0.204%，2019 年测得的 $\tan\delta$ 只有 0.172%

原因分析：
对照前两年的数据，初步分析是有二次出线板受潮引起。考虑到试验前两天连续下雨，电容式电压互感器的出线端子箱没有完全密封，存在缝隙，潮气可从缝隙进入端子箱，出线板容易受潮，且短时间内有无法自然干燥，所以导致介损测量结果偏大。

解决方案：
经除潮干燥处理后，测得 $\tan\delta 2$ 降到了 0.206%，符合相关规程要求。

图 3.2-9

2）要点总结

测试结果的影响因素主要是外部因素和内部因素，如图 3.2-10 所示。

外部因素

1. 高压引线接触不良
2. 环境影响
3. 测量方法、外部电磁场及泄露电流

内部因素

1. 绝缘介质存在杂质及水分
2. 电容元件击穿
3. 中间变压器影响

图 3.2-10

5. 小结

1）可迁移知识点

（1）不仅是电容式电压互感器，变压器、电流互感器的介损同样受环境的温、湿度影响。

（2）电容型试品如油纸电容式套管、油纸电容式电流互感器的电容量测量结果会受电容屏击穿的影响。

2）区别知识点

（1）与套管介损试验不同，电容式电压互感器介损易受中间变压器影响。

（2）电容式电压互感器与电容式电流互感器的绝缘介质和结构不同，所以介损及电容量测量标准要求存在较大差异。

3.3 TYD-220/√3-0.01H 型电容式
电压互感器直流电阻测试结果分析

1. 测试结果分析

1）任务描述

在 TYD-220/√3-0.01H 型电容式电压互感器进行直流电阻测试后，对试验结果及其影响因素进行分析。

2）引用标准

（1）GB 50150-2016《电气装置安装工程电气设备交接试验标准》。

（2）QGDW1 168-2013《输变电设备状态检修试验规程》。

（3）《国家电网公司变电检测管理规定》。

2. 220kV 电容式电压互感器直流电阻标准要求

220kV 电容式电压互感器直流电阻标准要求，如图 3.3-1 所示。

规程规定

一次绕组直流电阻测量值与换算到同一温度下的出厂值比较，相差不宜大于 10%；二次绕组直流电阻测量值与换算到同一温度下的出厂值比较，相差不宜大于 15%。

GB 50150-2016《电气装置安装工程电气设备交接试验标准》

一次绕组直流电阻测量值，与换算到同一温度下的出厂值比较，相差不宜大于 10%；二次绕组直流电阻测量值，与换算到同一温度下的初值比较，相差不宜大于 15%。

《国家电网公司变电检测管理规定》

图 3.3-1

3. 测试结果影响因素

1）测试结果影响因素要点

电容式电压互感器直流电阻测试结果主要受到感应电压、温度、匝间绕组及绕组与引线接触不良等因素的影响，如图 3.2-2 所示。

① 感应电压影响

② 温度换算

③ 绕组匝间短路、断路

④ 绕组与引线接触不良

图 3.2-2

2）测试结果影响因素要点分解

测试结果影响因素要点分解，如图 3.3-3、图 3.3-4 所示。

外部因素 1

感应电压影响

作用原理：
现场若有感应电压会导致读数不准。

影响趋势：
直流电阻值在较大范围内不断变化，不易稳定。

预防措施：
将绕组两端接地后放电一段时间再进行测量；也可以将被测绕组一端接地，以消除感应电压的影响。

外部因素 2

未换算到同一温度进行对比

作用原理：
绕组直流电阻受温度影响较大。根据绕组直流电阻温度换算公式：$R_{t2} = \dfrac{T+t2}{T+t1} \times R_{t1}$（其中，$R_{t2}$ 为换算至温度 $t2$ 时的直流电阻，R_{t1} 为 $t1$ 时测量的直流电阻，T 为温度换算系数：铜线 235，铝线 225）需要将绕组直流电阻换到同一温度下进行对比分析。

影响趋势：
温度越高，直流电阻越大。

图 3.3-3

内部因素 1

绕组匝间短路、断路

作用原理：
（1）绕组本身出现匝间短路会导致测量结果减小，但短路线圈数量较少时直流电阻变化值不明显，容易造成直流电阻正常的假象。
（2）绕组断线会使测量回路出现断路，导致测量结果非常大。

影响趋势：
（1）匝间短路会使测量结果偏小。
（2）绕组断线会使测量结果急剧增大。

内部因素 2

绕组与引线接触不良

作用原理：
绕组与引线间接触不良其接触电阻增加，并伴随接头发热。

影响趋势：
绕组与引线间接触不良会使测量结果增大。

图 3.3-4

4. 案例分析及要点总结

1）案例分析

案例描述、原因分析及解决方案，如图 3.3-5、图 3.3-6 所示。

案例描述

某变电站 CVT 二次直流电阻偏大，用万用表测量 2a2n 绕组二次直阻，实测为 23 欧姆，直阻仪测量为 22 欧姆，其余绕组正常。测二次端子对地绝缘，结果均正常。使用变化测试仪测量变化结果正常。

原因分析：
（1）正常情况下 2a2n 直阻为 20~40 毫欧，实测值为 22 欧姆，远大于正常值，二次端子绝缘、变化正常，因此判断设备二次绕组存在虚接，开盖检查发现该绕组连接线烧毁碳化。
（2）推测 2a2n 绕组二次回路出现过短路，导致绕组电流过大，导线发热碳化。

解决方案：
更换二次导线及变压器油，处理完毕后进行电容及介损试验、二次端子绝缘试验、二次直流电阻试验，变化试验，结果均正常。

图 3.3-5

案例描述

某变电站 220kV 母线电压不平衡，C 相电压明显高于 A 相和 B 相。经现场对三相电容式电压互感器进行停电试验，测得三相电容式电压互感器电容单元电容量与上一次试验值比较无明显变化，测得 C 相二次绕组直流电阻较 A 相和 B 相低 30%，与上一次试验值换算至同温度比较降低了 28.7%。

原因分析：
初步判断二次绕组发生匝间短路。

解决方案：
对 CVT 进行解体后，发现电磁单元二次绕组 1a1n 有匝间短路现象。

图 3.3-6

2）要点总结

测试结果影响因素主要是外部因素和内部因素，如图 3.3-7 所示。

外部因素

（1）感应电压影响
（2）未换算到同一温度

内部因素

（1）绕组匝间短路、断路
（2）绕组与引线接触不良

图 3.3-7

5. 小结

1）可迁移知识点

（1）对电容式电压互感器绕组直流电阻测量结果进行分析时，均需要进行"纵横"比较，即与该设备的历史数据对比，与同型号、相同测试部位比较，并结合油中色谱分析等进行综合分析，该方法适用于充油式设备线圈直阻测量结果分析。

（2）电容式电压互感器绕组直流电阻的影响因素同样适用于电流互感器、变压器的直流电阻分析。

2）区别知识点

（1）电容式电压互感器中间变压器一次绕组需解体才能测量其直流电阻。

（2）电容式电压互感器的电磁单元无油温测量装置，通常只能以环境温度作为绕组温度。

3.4　TYD-220√3-0.01H 型电容式电压互感器微水及油耐压试验结果分析

3.4.1　任务描述及引用标准

1. 任务描述

在 TYD-220/√3-0.01H 型电容式电压互感器取下的油样进行微水及油耐压试验后，对试验结果进行分析。

2. 引用标准

（1）DL/T 246-2006《化学监督导则》。

（2）DL/T7600-2014《运行中变压器油和汽轮机油水分含量测定法（库伦法）》。

（3）GB-T 507-2002《绝缘油击穿电压测定法》。

3.4.2　测试结果分析

1. 测试结果分析要点

测试结果的要点，如图 3.4.1 所示。

1　微水试验结果分析

2　油耐压试验结果分析

图 3.4-1

2. 微水试验结果分析

两次微水测试的结果相差值应不超过内容 1 中表所示的范围，若相差过大，则应重新测试。最终结果应为两次测试数据的平均值，该值对应表中所示要求，如图 3.4-2 所示。

范围 (mg/L)	允许差
<10	2mg/L
10-20	3mg/L
21-40	4mg/L
>41	10%

试验项目	要求		
	新油	交接时、大修后	运行中
水分 (mg/L)	按厂家报告	≤ 20 (110kV 及以下) ≤ 15 (220kV) ≤ 10 (500kV)	≤ 35 (110kV 及以下) ≤ 25 (220kV) ≤ 15 (500kV)

两次试验结果的差值应不超过表中所列数值

绝缘油微水质量指标如上表所示

图 3.4-2

报告应按照要求进行填写，并给出测试意见，如图 3.4-3 所示。

项目	试验次数	检测时间	电压等级 kv	要求		试验数据
				投运前	运行油	
微水（ug/L）	1	2020.06.02	110	≥ 20	≥ 35	11.4
	2	2020.06.02	110	≥ 20	≥ 35	10.5
	平均值		110	≥ 20	≥ 35	10.95
测试意见	各项数据无异常					

最终结果应取两次平均值为试验水分最终报告值，报告应根据规程要求给出正确的分析意见

图 3.4-3

3. 油耐压试验结果分析

耐压试验的最终结果应为六次升压击穿所得结果的平均值，该值对应表中所示要求，如图 3.4-4 所示。

试验项目	要求		
	新油	交接时、大修后	运行中
击穿电压 (kV)	≥ 35kV	≥ 35kV（35kV 及以下） ≥ 40kV（110-220kV） ≥ 60kV（500kV）	≥ 30kV（35kV 及以下） ≥ 35kV（110-220kV） ≥ 50kV（500kV）

绝缘油耐压质量指标如上表所示

图 3.4-4

报告应按照要求进行填写，并给出测试意见，如图 3.4-5 所示。

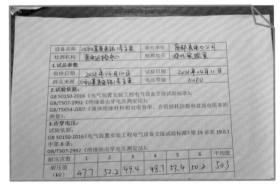

击穿电压应用 6 次试验的平均值作为结果值　　　　按规程正确出具报告

图 3.4-5

4. 微水及油耐压试验结果对比分析

电容式电压互感器微水及油耐压试验结果对比分析，如表 3.4-1 所示。

表 3.4-1

试验项目	要求		
	新油	交接时、大修后	运行中
击穿电压 (kV)	≥ 35kV	≥ 35kV (35kV 及以下) ≥ 40kV (110-220kV) ≥ 60kV (500kV)	≥ 30kV (35kV 及以下) ≥ 35kV (110-220kV) ≥ 50kV (500kV)
水分 (mg/L)	按厂家报告	≤ 20 (110kV 及以下) ≤ 15 (220kV) ≤ 10 (500kV)	≤ 35 (110kV 及以下) ≤ 25 (220kV) ≤ 15 (500kV)

5. 小结

1）可迁移知识点

微水试验和耐压试验都属于绝缘油简化试验，是对油品进行全分析的一系列检测手段，但不包括色谱分析，因此成为简化试验。简化试验具体包括外观检查、水溶性酸 pH 值、酸值 mgKOH/g、闭口闪点℃、水分（即微水试验） mg/L、击穿电压（即耐压试验） kV、界面张力（25℃）mN/m2、$\tan\delta$（即质损耗）（90℃）%、体积电阻率（90℃）Q2:m、油中含气量（体积分数）%、油泥与沉淀物（质量分数）% 等。

2）区别知识点

水分是影响设备绝缘老化速度和绝缘性能的重要原因之一，绝缘油中水分主要来源于大气中的潮湿气体或绝缘材料的劣化，它被称为绝缘老化的催化剂之一，它的存在会导致油的击穿强度降低；绝缘油的击穿电压是衡量绝缘油被水和悬浮杂质污染程度的重要指标，油的击穿电压越低，设备的整体绝缘性能越差，直接影响设备的安全运行。

因此对耐压（击穿强度）和微水进行测试是估测设备的运行状况之一的重要手段。

3.5　TYD-220/√3-0.01H 型电容式电压互感器二次电压异常案例

3.5.1　任务描述与引用标准

1. 任务描述

TYD-220/√3-0.01H 型电容式电压互感器在运行过程中会出现二次电压异常的情况，并可能伴有温度异常的现象。希望通过本书能够掌握电容式电压互感器在二次电压异常的情况下的判断与处理方法。

2. 引用标准

（1）GB20840.1-2010《互感器第 1 部分：通用技术要求》。

（2）GB20840.5-2013《互感器第 5 部分：电容式电压互感器的补充技术要求》。

（3）GB 50150-2016《电气装置安装工程电气设备交接试验标准》。

（4）Q/GDW 1168-2013《输变电设备状态检修试验规程》。

3.5.2　TYD-220/√3-0.01H 型电容式电压互感器二次电压异常案例分析

二次电压异常案例主要从案例概况、设备参数情况、红外测温、二次回路检查、试验分析、原因分析等方面入手，如图 3.5-1 所示。

① 二次电压异常案例概况

② 设备参数情况

③ 红外测温及二次回路检查

④ 试验分析

④ 原因分析

图 3.5-1

1. 电压异常案例分析

电容式电压互感器二次电压异常案例要点分解如下：

（1）案例描述，如图 3.5-2 所示。

某 220kV 变电站 220kV 采用双母带旁路接线方式，220kVI 母、II 母并列运行。值班人员巡视过程中通过监控后台机发现 220kVI 母 A 相二次电压与 220kVII 母 A 相二次电压有偏差，二次电压降低值约为 3V, 但未达到电压越限值，其他相电压正常。

图 3.5-2

（2）设备参数情况，如图 3.5-3 所示。

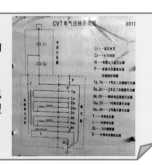

该 CVT 为某生产厂家 2001 年 7 月出厂的 TYD220/√3-0.01H 型产品，额定电压 220V3KV，二次电压为 1003V, 辅助绕组二次电压为 100V, 2003 年 05 月投入运行，已运行 18 年。上次停电试验日期为：2018 年 05 月，数据未见异常，该型号 CVT 电气连接图如图所示。

图 3.5-3

（3）通过红外测温及二次回路检查，判断二次电压异常缺陷是设备本身出现问题还是二次回路故障引起的，如图 3.5-4 所示。

外观检查

现场检查 CVT 外表清洁、连接可靠、未发现闪络、渗油及其他异常。根据 CVT 的结构特点，对上节电容器、下节电容器和电磁单元三个独立的油室进行红外测温，均未发现异常。

红外测温

二次回路检查

图 3.5-4

（4）详细试验分析情况，如图 3.5-5、图 3.5-6 所示。

试验项目

结合停电检修机会，对 220kVI 段母线 C 相 PT 进行的试验项目包括：
（1）电容分压器极间、二次绕组绝缘电阻测试
（2）中间变压器二次绕组直流电阻测试
（3）电容分压器的介损及电容量测试以及 CVT 变化测试。

结合设备检修周期，对 CVT 进行试验检查

试验 1

电容分压器极间、二次绕组绝缘电阻测试

使用仪器：HVM-5000 绝缘电阻测试仪

耐压前绝缘电阻数据表

测试部位	施加电压 /V	显示电压 /V	绝缘电阻 /GΩ
上节电容	2500	2510	47.8
下节电容	2500	2502	49.9
二次绕组间	1000	1001	25.9/26.4/24.1

测试部位	施加电压 /V	显示电压 /V	绝缘电阻 /GΩ
上节电容	2500	2510	47.8
下节电容	2500	2502	49.9
二次绕组间	1000	1001	25.1/26.7/24.4

耐压后绝缘电阻数据表

试验 2

中间变压器二次绕组直流电阻测试

使用仪器：HS302A 型直流电阻测试仪

二次绕组直流电阻数据表

测试时间	1a1n（Ω）	2a2n（Ω）	dadn（Ω）
上次	0.02235	0.03136	0.09245
本次	0.02210	0.03130	0.09248

试验 3

电容分压器个损及电容量测试、CVT 变化测试
为加强对比，减少测量误差，分别采用两台不同型号的介损测试仪对 CVT 进行介损及变化试验，取前两次试验数据作为参考。

图 3.5-5

介损试验数据表

测试部位	测试方法	上次试验数据		本次试验数据		电容量初值差（%）
		tanδ（%）	Cx（pF）	tanδ（%）	Cx（pF）	
A 相	高压电容 C11（正接法）	0.128	19640	0.116	19710	0.36
	高压电容 C12（自激法）	0.110	27990	0.102	28090	0.35
	中压电容 C2（自激法）	0.102	66974	0.116	69760	4.15
变化测量	额定变化：1a1n：2200 dadn：1270			实测变化：1a1n：2278 dadn：1309		

使用仪器：AI-6000F 介质损耗测试仪

测试部位	测试方法	上次试验数据		本次试验数据		电容量初值差（%）
		tanδ（%）	Cx（pF）	tanδ（%）	Cx（pF）	
A 相	高压电容 C11（正接法）	0.128	19640	0.115	19700	0.3
	高压电容 C12（自激法）	0.110	27990	0.106	28080	0.32
	中压电容 C2（自激法）	0.102	66974	0.112	69740	4.12

使用仪器：AI-6000D 介质损耗测试仪（无变化测试功能）

绝缘电阻数据分析

根据 QGDW1168-2013《输变电设备状态检修试验规程》规定：
（1）分压电容器极间绝缘电阻应大于等于 5000MΩ（注意值）。
（2）二次绕组绝缘电阻应大于等于 10MΩ（注意值）。

由绝缘电阻数据表可知，耐压前、后分压电容器绝缘电阻均大于 5000MΩ；耐压前、后二次绕组绝缘电阻均大于 10MΩ；试验数据合格。

直流电阻数据分析

根据 GB50150-2016《电气装置安装工程电气设备交接试验标准规定：
（1）一次绕组直流电阻值，与换算到同一温度下的出厂值比较，相差不宜大于 10%。
（2）二次绕组直流电阻测量值，与换算到同一温度下的出厂值比较，相差不宜大于 15%。

由直流电阻数据表可知，直流电阻试验数据合格。

电容分压器介损及电容量数据分析

A 相 CVT 中压电容 C2 通过两台仪器使用自激法测得介损值为 0.116%、0.115%，电容量为 69760pF、69740pF，电容量初值差分别达到了 4.15%、4.12%，已超过±2%（警示值），电容量增长已超过警示值，A 相下节电容 C2 电容量试验数据不合格。

CVT 变化测试数据分析

由 AI-6000F 介质损耗测试仪测得的 CVT 实际变化为 2278、1309，与额定值 2200、1270 相比有明显增加，同时与 CVT 中压电容 C2 电容量增加的变化趋势相符。可见，中压电容 C2 有被击穿的可能。

图 3.5-6

2. 理论及原因分析

针对异常的试验数据进行理论分析，进一步确定缺陷位置及造成的缺陷的原因，如图 3.5-7 所示。

理论分析

A 相 CVT 上节和下节电容器额定电容设计值为 20000pF，该 CVT 设计时高压电容 $C11$、$C12$，中压电容 $C2$ 分别由 75、52、23 个电容元件串联。

假设所有电容单元电容量均相等，为 C_0，则有：
$C11=C_0/75$；$C12=C_0/52$；$C2=C_0/23$

(1) 假设中间变压器变化为 k，一次电压为 U，二次电压为 u，则有：
$$u=[23/(75+52+23)]*U*k$$

(2) 如果中压电容 $C2$ 有 n 个电容击穿，则：
$$C2'=CJ/(23-n)$$

(3) 此时二次电压为：
$$u'=[(23-n)/(75+52+23-n)]*U*k$$

(4) 因此，如果中压电容 $C2$ 有电容单元击穿，次电压将减小，CVT 变化将增大。

试验结果分析

由介损试验数据表 1、2 可知，上次和本次试验的中压电容 $C2$ 的电容量分别为 66974pF、69760pF/69740pF；

由 (1)(3) 式可得：
$$n=23-（C2*25/C2'）=1$$

因此，初步分析 A 相 CVT 中压电容 $C2$ 有一个电容元件击穿。

图 3.5-7

3. 流程图

电容式电压互感器二次电压异常案例的分析流程，如图 3.5-8 所示。

开始 ➡ 设备参数设置 ➡ 红外测温及二次回路检查 ➡ 常规试验分析 ➡ 原因分析

图 3.5-8

4. 小结

1）可迁移知识点

其他电压等级和其他型号的电容式电压互感器二次电压异常的处理流程与本书绍的电容式互感器相同。

2）区别知识点

其他电压等级的电容式互感器结构与该型号电容式互感器有一定的差别。因此，二次电压异常时要根据相应的结构进行分析。